口絵 1　マルカメムシ科に属するカメムシ

A. マルカメムシ．B. タイワンマルカメムシ．C. クロツヤマルカメムシ．D. ミヤコキベリマルカメムシ．→ p.20

口絵 2　クヌギカメムシの成虫と卵塊

A. クヌギの樹皮の裂け目に産卵を始めたメス．腹部が大きく膨れて左右両側に迫り出している（矢印）．B. クヌギの幹の割れ目に産卵された卵塊．→ p.42

口絵３　ゼリーを吸うヘラクヌギカメムシの１齢幼虫　→ p.44

口絵４　卵塊を抱えて保護しているベニツチカメムシのメス
写真提供：弘中満太郎博士．　→ p.52

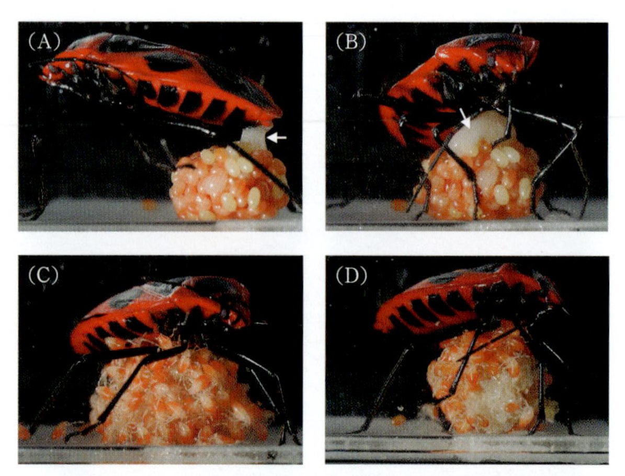

口絵５　ベニツチカメムシの幼虫が生まれる直前直後の行動

A. 肛門から白い粘液を出して卵塊に載せるメス．矢印は粘液を指している．B. 粘液を出し終えて卵塊を抱え直したメス．矢印は粘液を指している．C. 卵から一斉に生まれる幼虫．D. 白い粘液を摂取する幼虫．写真提供：向井裕美博士．　→ p.55

口絵 6　葉の表面に産みつけた卵塊および生まれた幼虫を保護するカメムシの母親

A. オオツノカメムシ（ツノカメムシ科）．B. アカギカメムシ（キンカメムシ科）．

→ p.61

口絵 7　カメムシ科に属するカメムシ

A. ミナミアオカメムシ．B. アカスジカメムシ．C. ヒメナガメ．D. トゲカメムシ．

→ p.65

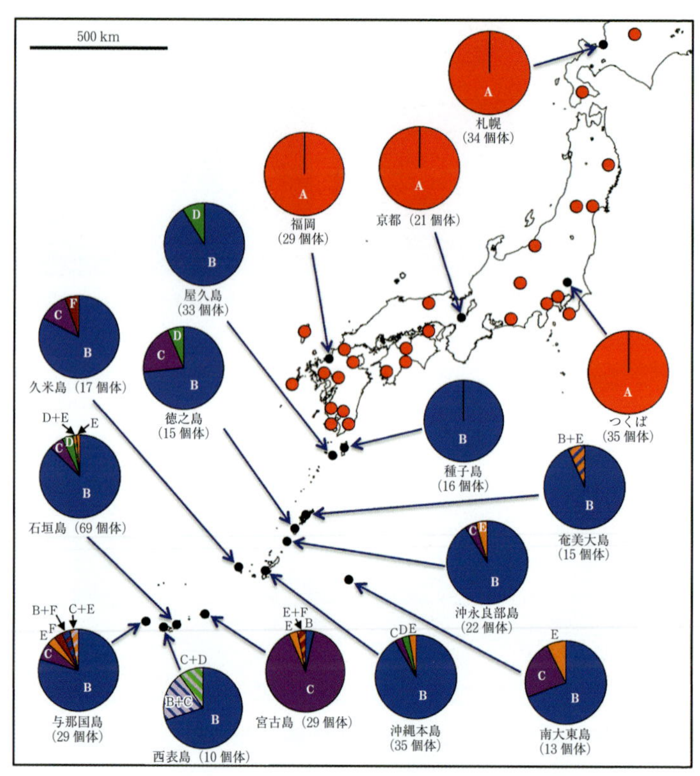

口絵 8　チャバネアオカメムシにおける共生細菌 A～F の地理的分布

括弧内は各集団の調査個体数．D+E などは 1 個体のカメムシに二種類の共生細菌が共生していたことを示すが，そのような個体は全体のわずか 2% 弱であり，大部分の個体が 6 種の共生細菌のうちいずれか一種を保持していた．本土地域の小さい赤丸はその集団で調査した 1 個体が共生細菌 A を保持していたことを示す．Hosokawa *et al*. (2016a) による図を改編． → p.70

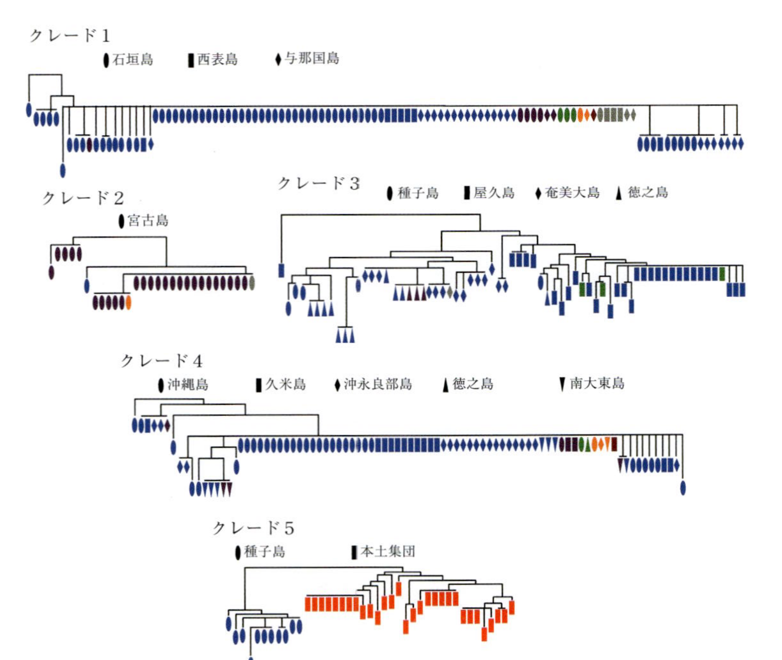

口絵9　チャバネアオカメムシの系統樹上への6種の共生細菌のマッピング

赤：共生細菌 A, 青：共生細菌 B, 紫：共生細菌 C, 緑：共生細菌 D, オレンジ：共生細菌 E, 茶：共生細菌 F, 灰：2種の共生細菌が共生．Hosokawa *et al*. (2016a) による図を改編．→ p.73

口絵 10　共生細菌を取り除く実験で羽化したチャバネアオカメムシ

左：対照区で成虫になった個体．右：除去区で成虫になった個体．共生細菌を取り除くとほとんどの個体が幼虫時に死亡し，ごく少数の個体は成虫まで育つが写真のように体が小さく，体色が黄色で弱々しい．　→ p.76

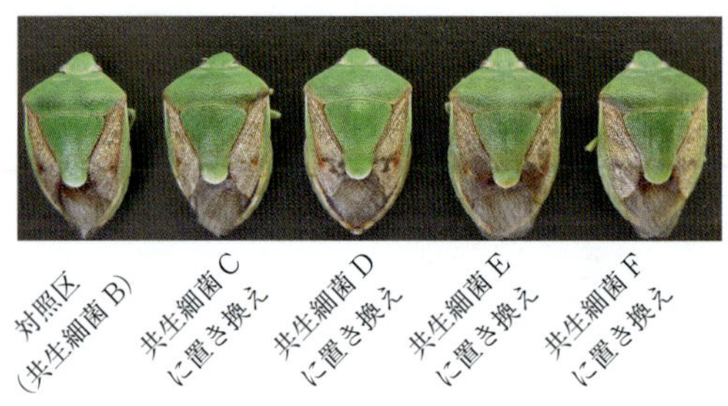

口絵 11　チャバネアオカメムシにおける共生細菌置き換え実験で羽化した成虫

共生細菌 B を共生細菌 C～F のどれに置き換えても正常に成長し，繁殖した．
→ p.78

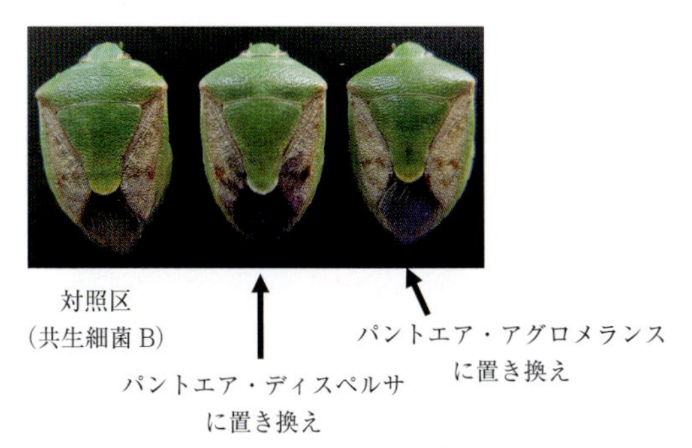

口絵 12　チャバネアオカメムシにおける共生細菌置き換え実験で羽化した成虫

共生細菌Bを環境細菌であるパントエア・ディスペルサ，パントエア・アグロメランスのどちらに置き換えても正常に成長し，繁殖した．→ p.79

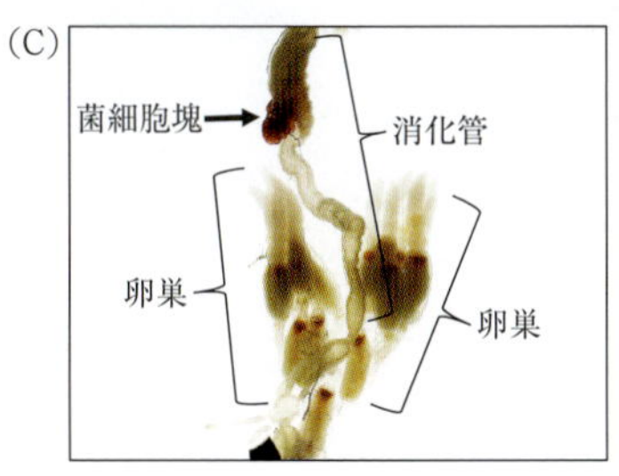

口絵 13　マダラナガカメムシ科のカメムシ

A. ヒメナガカメムシの成虫．B. ヒメナガカメムシのメス成虫の菌細胞塊．C. ウスイロヒラタナガカメムシのメス成虫の菌細胞塊．写真提供：松浦 優博士．→ p.104

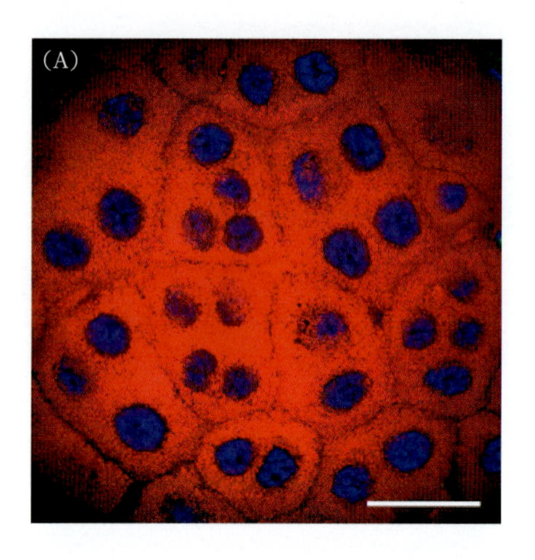

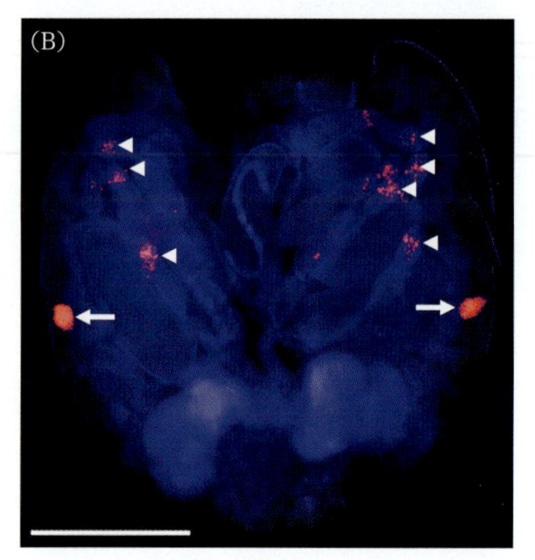

口絵 14　蛍光インサイチューハイブリダイゼーションによるトコジラミの共生細菌の観察

A. 菌細胞塊. 青色は宿主細胞（菌細胞）の核, 赤色はボルバキアのシグナル. 菌細胞は多核細胞であり, その細胞質はボルバキアで埋め尽くされている. B. トコジラミのメス体内におけるボルバキアの分布. 青色は宿主細胞の核, 赤色はボルバキアのシグナル. 矢印は菌細胞塊, 矢頭は卵巣内のボルバキアを指している. → p.120

カメムシの母が子に伝える共生細菌

必須相利共生の多様性と進化

細川貴弘［著］

コーディネーター　辻　和希

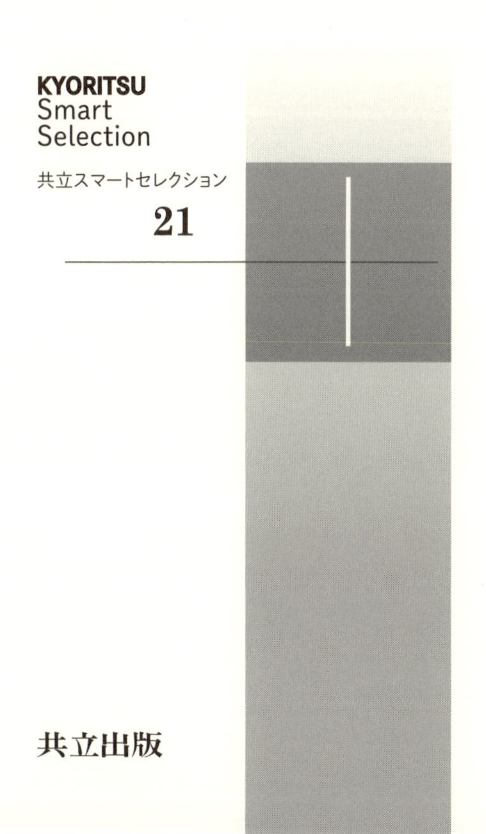

共立出版

まえがき

母親が卵を産み，やがてその卵がかえって子が姿を現す．生物学の用語ではそれぞれ産卵，孵化（ふか）と呼ばれるこれらの現象は，哺乳類以外の動物で広く一般的に見られるものであり，生物の生態を紹介するテレビ番組などでは，“新しい生命の誕生”という劇的で感動的なイベントとして映し出されることが多い．たとえばウミガメの産卵と孵化などは，多くの読者の方が具体的にイメージできるものではないだろうか．しかし，カメムシという昆虫の産卵と孵化をイメージできる方は，おそらくかなり少ないであろう．実はカメムシの産卵と孵化においては，新しい生命の誕生と同時に，“母から子への共生細菌の受け渡し”という，もう一つのイベントが繰り広げられている．これがうまくいかないと新しい生命の誕生もなかったことになってしまうという，カメムシにとってはとてつもなく重要なイベントである．なぜそれほどまでに重要なのかというと，カメムシは共生細菌の力に強く依存して生きており，共生細菌がいないと生きていけないからである．つまりカメムシでは，どんなに元気な子が生まれても，母親から子への共生細菌の受け渡しがうまくいかないとその子は成長できずに死んでしまう．すなわち新しい生命の誕生はなかったことになってしまうのだ．

私はそんな知られざる，しかし非常に重要なイベントに強い魅力を感じてカメムシの共生細菌の研究を始めた．そして研究を進めていくと，共生細菌を受け渡す方法がカメムシの種類によって大きく異なっていることがわかってきて，それがまた一段と私を魅了した．完全にツボにはまったというやつである．私は共生細菌の受け渡しだけでは飽き足らず，系統や機能なども含めてカメムシの共生細菌にまつわるありとあらゆることを調べるようになった．そしていろいろなカメムシの共生細菌の系統を調べているうちに，一つの大きな謎に遭遇した．カメムシは自分たちの生存になくてはならない共生細菌を母から子へと代々受け継いでいるのだが，一部のカメムシでは受け継がれている共生細菌が過去のある時点でまったく別の細菌にすり替わっているのである．私はこの“共生細菌のすり替わり”がどのように起きたのかが知りたくなり，カメムシの共生細菌の研究にさらにのめり込むようになった．それまでも研究が嫌いだったというわけではないが，カメムシの共生細菌の研究を始めてからは，研究ってめっちゃ楽しいなぁ，これはやめられまへんなぁ，と心から思うようになり，現在に至っている．この本はそんな私が共同研究者たちと一緒に楽しんできたカメムシの共生細菌の研究について，これまでの成果をまとめたものである．

第1章ではまずカメムシ以外の昆虫における共生細菌の特徴について詳しく解説する．私と共同研究者たちがカメムシの共生細菌に注目して研究を始めたのは，カメムシには共生細菌を受け渡す方法において他の昆虫にはないユニークな特徴があり，その特徴が研究にオリジナリティーをもたせるうえで非常に有効だと感じていたからである．そのことを第2章以降で強調するために，まずは他の昆虫の共生細菌がどのような特徴をもっているのかを知っていただくのが第1章のねらいである．そして第2章では，他の昆虫の共生細菌と対比するかたちでカメムシの共生細菌について解説し，そのユニークな特徴を活かした研究の成果を紹介することによって，共生細菌の研究対象としてのカメムシの面白さを共有したい．第3章と第4章では，カメムシの共生細菌の受け渡し方がいかにインプレッシブかつ多様であるかを示し，生態学，進化学，行動学，生理学などさまざまな研究分野においてカメムシとその共生細菌が魅力的な材料であることをお伝えしたい．第5章では私がこれまでに最も時間と労力をかけて研究してきた共生細菌のすり替わりの謎について解説するが，その謎解きの過程を読者の皆さんにも楽しんでもらえるように書いたつもりである．第2章から第5章までは私自身が中心となって進めてきた研究の成果であるが，第6章と第7章では私の共同研究者が中心となって進めてきた研究の成果を紹介する．やはりカメムシの共生細菌の話ではあるのだが，私が中心になって研究してきたカメムシとはまったく違うことが起こっているカメムシの話である．ここではカメムシの共生細菌の“もう一つのストーリー”について知ることで，カメムシと細菌の共生関係の奥深さを感じとっていただきたい．最後の第8章は，再び私が中心になって進めてきた研究の話である．ここで登場するカメムシは他の章に登場するカメムシとは系統が大きく離れているものであり，その共生細菌の研究も私たちのメインワークの枠組みからは少し外れているものである．しかし，“実験の練習”として始めたサブワーク的研究が思わぬ展開を見せ，最終的には大きな発見につながったという研究の意外性を知っていただければと思い掲載することにした．

私が本書を通して読者の皆さんにお伝えしたいことは，カメムシと細菌の共生という現象の面白さはもちろんであるが，もう一つ，研究することの楽しさと発見することの喜び，そのワクワク感とドキドキ感である．それを伝えたいがために，特に私が中心になって進めた研究については実際に試行錯誤した過程をそのまま書いているところが多い．それによって話が冗長でわかりにくくなってしまっている部分があるかもしれないが，私の意図がうまく伝わってくれれば幸いである．ただし第2章で紹介するマルカメムシの共生細菌の研究の一部については，明らかになった事実のみを羅列してシンプルにまとめた．実際は研究を進める過程で二転三転以上のドラマがあったのだが，そのドラマについては過去に別稿（細川，2012）で紹介しており，一部の読者にはネタがバレてしまっているからである．

最後になってしまったが，すでにここまでにも頻出している「共生」という言葉の意味を定義しておきたい．「共生」とはもともと異種の生物が一緒に生活することだけを意味しており，一緒に生活する生物種間の関係性は限定していない．しかし実際の使われ方を見ていると，互いに利益を与え合う関係に限定して使われている場合も少なくないようだ．本書の中では共生という言葉をもともとの意味で使うことにする．したがって，「昆虫の共生細菌」とは昆虫に利益を与える細菌，害を与える細菌，利益も害も与えない細菌のすべてを包含していると考えていただきたい．この3つを特に区別する必要があるときは，それぞれ相利共生細菌，寄生的共生細菌，日和見共生細菌と表記するようにした．

この本を読み終わった読者の皆さんが野外でカメムシを見かけたときに，“クサイやつ”と思うよりも先に“こいつの体の中には共生細菌がいて……”と思ってもらえるようになることを願っている．

2017年10月

細川貴弘

目　次

Box

1

昆虫と共生細菌の必須相利共生

1.1 昆虫の多様化における共生細菌の貢献

昆虫は地球上の生物の中で最も繁栄している生物分類群の一つである．その種数は100万種以上にのぼり，現在学名がつけられている生物のうち，半分以上が昆虫である．なぜ昆虫はこのように多様化できたのであろうか？　昆虫の多様化に多くの要因が複合して関与してきたのは間違いないが，その大きな要因の一つとして“多様な餌資源に適応できたこと”が挙げられるだろう．昆虫が利用する餌資源は非常に多様であり，植物だけを食べる昆虫もいれば動物だけを食べる昆虫もいるし，菌類（キノコやカビ）だけを食べる昆虫も数多く知られている．植物を食べる昆虫のみに注目しても，葉だけを食べる昆虫，果実だけを食べる昆虫，種子だけを食べる昆虫，汁だけを吸う昆虫などがいて，実に多岐にわたっている．さまざまな餌資源への適応が昆虫の種分化を促進し，現在見られる多様性の一部をもたらしたことは疑いないであろう．

昆虫が利用している多様な餌資源の栄養成分に注目すると，一つの大きな謎が浮かび上がってくる．さまざまな栄養分が豊富に含まれている餌資源を利用する昆虫がいる一方で，栄養成分が著しく偏った餌資源，すなわち，ある栄養分は十分に含まれているが他の栄養分はほとんど含まれていない餌資源を利用する昆虫も少なくない．非常に不思議なことに，そのような栄養成分が著しく偏った餌資源だけを利用している昆虫も，特に栄養不足に苦しんでいる様子はなく，栄養豊富な餌資源を利用する昆虫と比較しても遜色なく成長や繁殖ができている．これは何か仕掛けが隠されていそうである．

この謎に関しては古くから多くの研究がおこなわれており，現在ではかなりはっきりとした答えが得られている．栄養成分が著しく偏った餌資源だけを利用して生活している昆虫は，体の内部に共生細菌を保持しており，餌資源の中に不足している栄養分を共生細菌に合成してもらうことで栄養不足を解消しているのである．この研究分野でモデル生物となっているアブラムシ類とツェツェバエ類を例にして説明しよう．アブラムシ類は，植物の茎に群がってストロー状の口を植物組織に差し込み，植物の汁（篩管液）を吸って餌としている昆虫である．植物の篩管液は糖分を多く含んでいるが，必須アミノ酸（動物が自分ではほとんど合成できず，食物から摂取しなければならないアミノ酸）の含有量が極めて少なく，これだけを餌としていては栄養不足になることは必至である．しかしアブラムシ類の体内にはブフネラ（*Buchnera*）と呼ばれる共生細菌が存在しており，その共生細菌はアルギニンやトリプトファンなどの必須アミノ酸を合成することが可能なのだ（Douglas, 1998; Shigenobu *et al*., 2000）．共生細菌から必須アミノ酸の供給を受けることによって，アブラムシ類は栄養不足に陥ることなく，栄養豊富な餌を食べている昆虫と同じように成長や繁殖ができている．園芸や農業の経験がある人の多くは，アブラムシ類の爆発的な増殖力を目の当たりにしたことがあるだろう．一方ツェツェバエ類は，哺乳類や鳥類の血液のみを餌とする吸血性昆虫である．脊椎動物の血液にはアミノ酸は豊富に含まれているのだが，ビタミンB類はほとんど含まれていない．しかし，ツェツェバエ類は体内にウィグルスワーシア（*Wigglesworthia*）と呼ばれる共生細菌を保持しており，その共生細菌にビタミンB類を合成してもらっているので，血液だけを吸っていても栄養不足に陥ることはないのだ（Akman *et al.*, 2002）．なお，これらの昆虫では，微生物の生育を阻害する抗生物質を投与することによって，体内の共生細菌を実験的に取り除くことが可能である．そのようにして作成した“共生細菌をもたない個体”では確かに栄養不足が生じ，正常な成長や繁殖ができなくなることが確かめられている（**図 1.1**）．

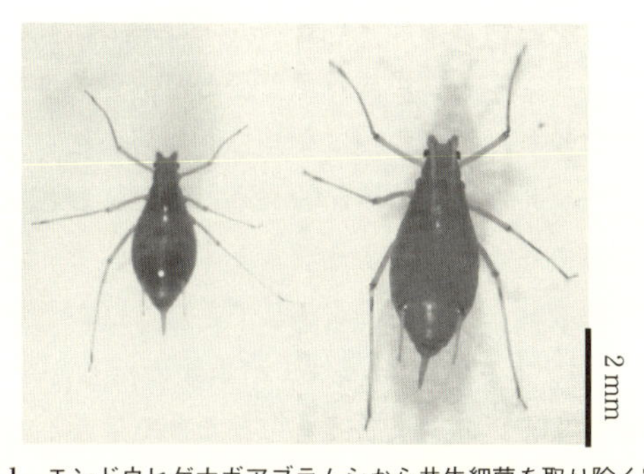

図 1.1　エンドウヒゲナガアブラムシから共生細菌を取り除く実験

左は抗生物質の投与によって共生細菌を取り除いてから飼育した成虫，右は共生細菌を保持した状態で飼育した成虫．共生細菌をもたない個体は栄養不足となり，著しく成長が悪い．写真提供：古賀隆一博士．

ところで，このような共生細菌は宿主昆虫[1]に栄養分を供給するだけで何の見返りも受けていないのかというとそうではなく，宿主昆虫の体内で生活する共生細菌は，その生存や増殖に必要なすべての栄養を宿主昆虫から得ている．また，共生細菌は宿主昆虫の体内に生息することによって，捕食者や環境ストレスから免れるという恩恵を受けているかもしれない．いずれにせよ，このような共生細菌と宿主昆虫は，互いに利益を与え合う相利共生（mutualism）の関係にあるといえる．アブラムシ類やツェツェバエ類の例のように，宿主昆虫の成長や繁殖に共生細菌の存在が必須である場合は，特に必須相利共生（obligate mutualism）と呼ばれることがある．

昆虫の祖先はすべて細菌と共生していなかったと考えるのが自然だろう．その段階において昆虫が栄養不足に陥ることなく正常に成長や繁殖をおこなうためには，栄養豊富な餌資源を利用するしかない．しかし進化の過程において，一部の昆虫グループが細菌との共生を始め，共生細菌が合成する栄養分を利用できるようになれば，その昆虫グループは餌資源の選択肢が広がることになる．細菌との共生を始めた昆虫グループが餌資源を巡る競争を避けて栄養分の偏った餌資源だけを利用するようになり，その結果として共生細菌をもたない近縁なグループとの遺伝的交流が断たれると，やがて種分化へとつながるだろう．このようなメカニズムによって，共生細菌は昆虫の食性の変化と多様化に貢献してきたことが予想される．

ここではアブラムシ類とツェツェバエ類の例しか挙げなかったが，栄養分を共生細菌に合成してもらうことで栄養不足を解消している昆虫は，他にも多くの分類群で知られている（**表 1.1**）．これらの昆虫の共生細菌は，単一の共通起源をもつのではなく，昆虫分類

---

[1] 共生細菌に対し，その共生相手のことを宿主（しゅくしゅ）と呼ぶ．

表 1.1　共生細菌に栄養分を合成してもらうことで栄養不足を解消している昆虫の代表例

昆虫の分類群	昆虫が利用している餌	共生細菌の名前（属名）
アブラムシ類	植物の篩管液	ブフネラ *Buchnera*
コナジラミ類	植物の篩管液	ポルティエラ *Portiera*
キジラミ類	植物の篩管液	カルソネラ *Carsonella*
コナカイガラムシ類	植物の篩管液	トレンブレイヤ *Tremblaya*
オオヨコバイ類	植物の導管液	ボウマニア *Baumannia*
アワフキムシ類	植物の導管液	ジンデリア *Zinderia*
セミ類	植物の導管液	ホジキニア *Hodgkinia*
オオアリ類	雑食性	ブロックマンニア *Blochmannia*
コクゾウムシ類	穀物	ソダリス *Sodalis*
ゾウムシ類	植物組織	ナルドネラ *Nardonella*
シギゾウムシ類	植物組織	クルクリオニフィルス *Curculioniphilus*
ツェツェバエ類	脊椎動物の血液	ウィグルスワーシア *Wigglesworthia*
クモバエ類	脊椎動物の血液	アシュネラ *Aschnera*
ヒトジラミ類	脊椎動物の血液	リーシア *Riesia*
トコジラミ類	脊椎動物の血液	ボルバキア *Wolbachia*

群ごとに独自の進化的起源をもっている（したがって共生細菌の名前が異なっている）のだが，興味深いことにこれらの共生細菌は以下に列挙する非常にユニークな特徴を共有している．

- 共生細菌は宿主昆虫の菌細胞の内部に共生している
- 共生細菌は宿主昆虫の母親から子へ垂直伝播される
- 共生細菌は宿主昆虫と共種分化している
- 共生細菌のゲノムサイズが非常に小さくなっている

これらの特徴の詳細について，次節以降で個々に解説する．

1.2 菌細胞の内部に共生

前節では“昆虫は体の内部に共生細菌を保持する”と書いたが，体内のどこに保持しているのかについて詳しく説明したい．昆虫の体は大きく頭部・胸部・腹部の三つのパートに分けられるが，表1.1 に列挙した昆虫の腹部の内側には，菌細胞塊という組織が存在している（**図 1.2**A）．菌細胞塊（bacteriome）とはその名のとおり，菌細胞（bacteriocyte）と呼ばれる細胞の塊である．ここで注意してほしいのは，菌細胞とは“細菌の細胞”ではなく，内部に細菌を棲まわせるための宿主昆虫の細胞である．個々の菌細胞を電子顕微鏡で観察すると，かなり奇妙な特徴をもっていることに気づく．動物の細胞の模式図は中学校の理科の教科書などにも大きく載っているので，多くの読者の方が具体的にイメージできるのではないだろうか．真ん中に核があり，そのまわりに細胞質，一番外側は細胞膜で覆われており，細胞質にはミトコンドリアやリボソームなどの細胞小器官がまばらに分布している．しかしそのような典型的な細胞と菌細胞の間には，一目でわかる明らかな違いがある．菌細胞の細胞質には，共生細菌がほとんど隙間なくびっちりと詰まって

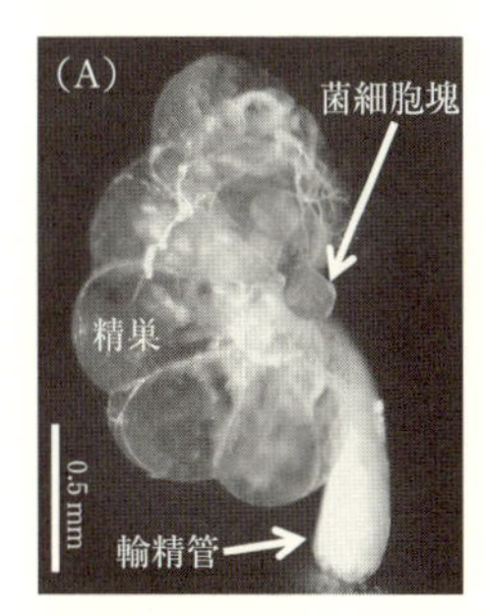

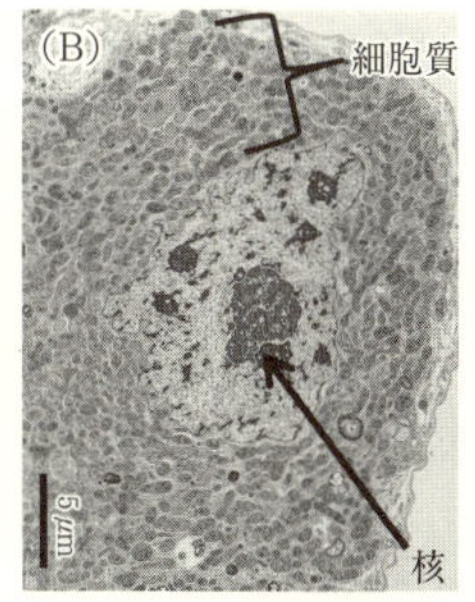

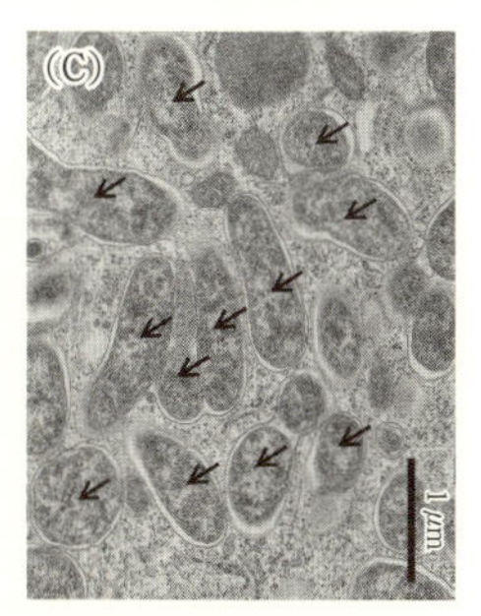

図 1.2　トコジラミの菌細胞

A. オス成虫の菌細胞塊. B. 菌細胞の断面. C. 菌細胞の内部の共生細菌（矢印）.

いるのである（図 1.2B, C）. この様子から，菌細胞とは内部に共生細菌を棲まわせるために特別に発達した細胞であると推測される. 表 1.1 に挙げた昆虫の共生細菌は，すべて宿主昆虫の菌細胞の内部に共生する“細胞内共生細菌”である.

昆虫の菌細胞塊は，さまざまな昆虫分類群で独立に複数回進化したと考えられている. その根拠の一つとして，腹部内における菌細胞塊の位置が多様であることが挙げられる. たとえば，トコジラミ類などの菌細胞塊は生殖巣のすぐそばに位置している（図 1.2A）が，ゾウムシ類などでは消化管のすぐそば（Toju *et al*., 2010; Hosokawa *et al*., 2015b），アワフキムシ類などでは腹部の左右両端に位置している（Koga *et al*., 2013）. これらの昆虫の菌細胞塊は，異なる器官の細胞から進化したと考えるのが妥当であろう. しかし，菌細胞塊の進化的起源が具体的にどの器官の細胞なのかについては昆虫分類群を問わず現在のところまったく未解明であり，今後の進化発生学的研究が待たれるところである.

1.3 宿主の母親から子へ垂直伝播

改めて書くことではないかもしれないが，共生細菌と宿主昆虫は別個の生き物である．したがって，宿主昆虫の各個体は最初から共生細菌を体内に保持しているのではなく，生活史のどこかの段階で共生細菌を体内に取り込むのである．では，いつ，どこから，どのように取り込んでいるのだろうか？　表 1.1 に挙げた昆虫において，卵から孵化した直後の幼虫の体内を調べると，すでに共生細菌が存在しており，産卵された直後の卵の内部を調べてもやはり共生細菌が入っている．これは上記の“最初から共生細菌を保持しているのではなく”と矛盾しているように聞こえるかもしれないが，そうではなく，共生細菌の取り込みは卵として母親の体外に産み出されるよりももっと前の段階，すなわち卵が母親の体内で発達する段階で起こっているのである．母親の体内には母親が保持する共生細菌が存在しているわけだが，卵は母親のもつ共生細菌の一部を取り込むのである．これは，“卵が共生細菌を取り込んでいる”というよりは“母親が卵に共生細菌を受け渡している”という表現のほうが適切かもしれない．いずれにせよ共生細菌は母親から子へと受け継がれ，これを共生細菌の垂直伝播（vertical transmission）と呼んでいる．

母親の体内で共生細菌の垂直伝播がどのように生じているのかを解説する前に，その調査方法について紹介したい．昆虫の体の内部で起こっていることは，当然ながら体の外側から見ていても観察できないので，実験的な処理が必要である．昆虫の体の内部の共生細菌を観察する方法は二つある．一つは切片標本の観察である．これは簡単にいえば昆虫の体を薄い輪切りにして，その断面を電子顕微鏡や蛍光顕微鏡で観察することによって昆虫の体内を観察する方法である．もう一つの方法は，切片を作るのではなく，共焦点顕微鏡を使って昆虫の体内に焦点を合わせて顕微鏡観察する方法である．前者の方法はもちろん，後者の方法も昆虫を生かしたまま観察することはできず，観察前に昆虫組織を固定する（殺す）必要がある．つまり，一つのサンプルを使って観察できるのは，垂直伝播の過程のある一場面だけなのである．当然ながら一場面だけを観察しても垂直伝播の全過程を推測することは不可能なのだが，多くのサンプルを観察することによって共生細菌の垂直伝播過程のさまざまな段階を観察でき，それらを統合することで垂直伝播過程の全容を推測できるのである．しかし，これには莫大なサンプルを用意し，それらを前処理したのちに顕微鏡下で詳しく観察する必要があり，猛烈に労力がかかる作業である．このため現在のところ，共生細菌の垂直伝播のメカニズムが詳しく研究されている昆虫は極めて少ない．

エンドウヒゲナガアブラムシはアブラムシ類の中でも共生細菌について最もよく研究されている種であり，垂直伝播の過程とメカニズムが詳細に解明されている（Koga *et al*., 2012; 古賀，2011）．エンドウヒゲナガアブラムシは有性生殖と単為生殖の両方をおこなうことが知られているが，単為生殖をするときは母親の卵巣内で子の胚発生が進み，母親は卵ではなく子虫を産む（**図 1.3**）．生まれた子虫はすでに体内に共生細菌を保持しているのだが，母親体内での共生細菌の垂直伝播は以下の過程を経て成立する．母親の体内で卵巣と菌細胞塊はぴったりと近接しており，まず菌細胞が，エキソサイトーシスと呼ばれる分泌機構によって共生細菌を菌細胞の外側に放出する．卵巣内の初期胚からはシンシチウムと呼ばれる多核の細胞が菌細胞のほうに伸びており，この細胞がエンドサイトーシスと呼ばれる取り込み機構によって共生細菌を細胞内に取り込む（**図 1.4**）．その後，共生細菌を取り込んだシンシチウムは複数の菌細胞

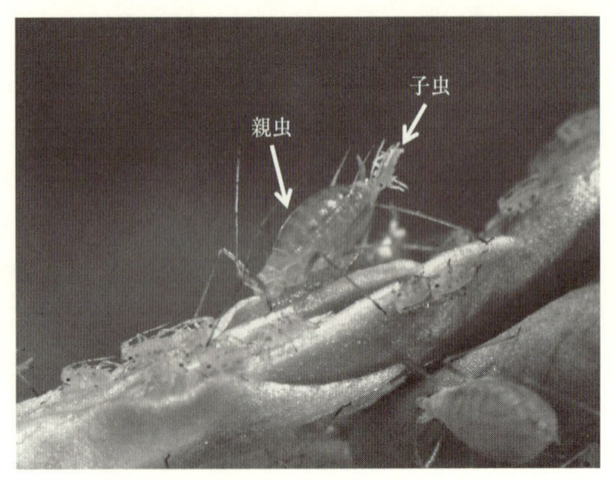

図 1.3　子虫を産むエンドウヒゲナガアブラムシ
写真提供：古賀隆一博士.

に分裂し，子の菌細胞塊へと発達するのである.

前節で菌細胞塊はさまざまな昆虫分類群で独立に複数回進化したと書いたが，母親の体内で起こる共生細菌の垂直伝播の過程やメカニズムも，それぞれの昆虫分類群で異なっている．たとえばコナジラミ類においては菌細胞が共生細菌を放出することはなく，一つの菌細胞が丸ごと卵母細胞に取り込まれる（Costa *et al*., 1996; Szklarzewicz & Moskal, 2001）．一方，ヒトジラミ類やトコジラミ類などでは，共生細菌が菌細胞だけでなく卵巣を構成する細胞の一部にも存在しており，その共生細菌が卵母細胞の内部に移動することで垂直伝播が成立するようである（Sasaki-Fukatsu *et al*., 2006; Hosokawa *et al*., 2010b）．ツェツェバエ類やクモバエ類などの吸血性のハエの仲間では，共生細菌の垂直伝播メカニズムがさらに大きく異なっている．このグループでは母親の子宮内で受精・胚発生・卵の孵化・幼虫の成長が進み，十分に成長した幼虫が母親の体外に産み出されて蛹になるのだが，幼虫が母親の子宮内で成長する

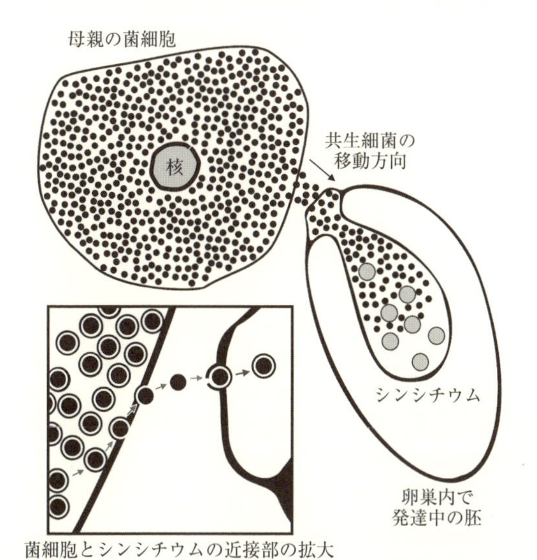

図 1.4　エンドウヒゲナガアブラムシにおける共生細菌の垂直伝播
黒丸が共生細菌を表す．Koga *et al*.（2012）の図を改編．

際に栄養としているのが，子宮につながっている乳腺と呼ばれる組織から分泌されるミルクである（Meier *et al*., 1999）．妊娠中の母親の乳腺やミルクには共生細菌が含まれていることが確認されており，おそらくはこのミルクを飲むことで幼虫の体内に共生細菌が取り込まれ，垂直伝播が成立しているのではないかと考えられている（Attardo *et al*., 2008; Hosokawa *et al*., 2012c）.

1.4　宿主昆虫と共種分化

次は，共生細菌の多様化メカニズムについての特徴である．先にも述べたとおり，表 1.1 に挙げた昆虫分類群の共生細菌は，すべて独自の進化的起源をもっている．しかし各々の分類群の内部では，共生細菌は単一の進化的起源から分化していることが分子系統解

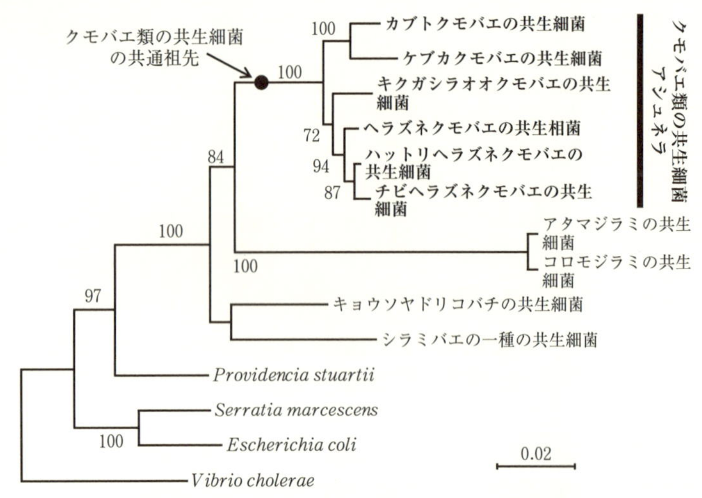

図 1.5　クモバエ類の共生細菌アシュネラの系統関係

16S rRNA 遺伝子の塩基配列に基づいて近接結合法で描かれた系統樹であり，数値はブートストラップ値（70 以上のもののみ）[2]．Hosokawa *et al*.（2012c）の図を改編.

析によって確かめられている．たとえばクモバエ類各種に見られる共生細菌アシュネラ（*Aschnera*）の系統関係を DNA 塩基配列に基づいて調べると，各種のクモバエがもつ共生細菌は少しずつ異なっているが，それらは高い支持率で独自の単系統群を形成する（**図 1.5**）．このことは，クモバエ類の共生細菌が単一の共通祖先から分化したことを強く示唆している．さらに，この共生細菌の分岐パターンが宿主昆虫の系統樹の分岐パターンと完全に一致している（**図 1.6**）ことから，クモバエ類では種分化する以前の共通祖先においてすでに細菌との共生関係が成立しており，その後共生細菌を垂

[2] ブートストラップ値とは，その系統群の確からしさを示す統計量で 100 に近いほど確からしい.

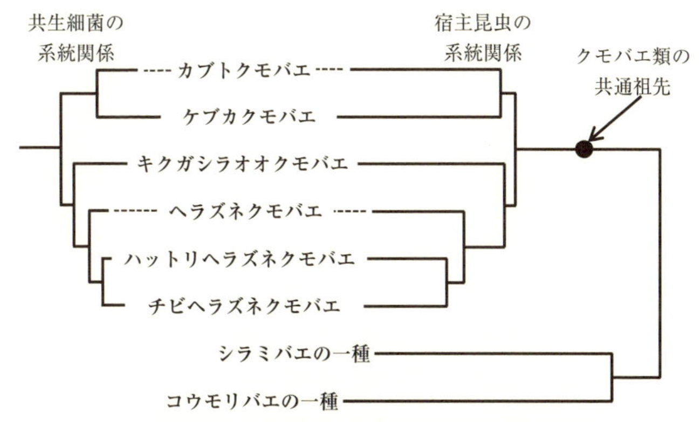

図 1.6　クモバエ類と共生細菌アシュネラの共種分化

左側の系統樹は共生細菌の系統関係（図 1.5 から抜き出したもの），右側の系統樹はミトコンドリアの 16S rRNA 遺伝子の塩基配列に基づくクモバエ類の系統関係を示している．Hosokawa *et al*.（2012c）の図を改編．

直伝播しながら宿主昆虫が種分化することによって，共生細菌も同様の分岐パターンを形成したと考えられる．これを宿主昆虫と共生細菌の共種分化（co-speciation）と呼んでおり，表 1.1 に挙げた昆虫分類群の多くにおいて，共生細菌の単一起源および宿主昆虫との共種分化が報告されている（Koga *et al*., 2013; Toju *et al*., 2013; Hosokawa *et al*., 2012c など）．

宿主昆虫と共生細菌の共種分化は両者の共生関係が安定的に長い期間続いてきたことを示しているが，具体的にどれくらい長く続いてきたのだろうか？　アブラムシ類と共生細菌ブフネラにおいては，化石標本の年代測定と共生細菌の分子進化速度から 1.6 億～2.8 億年前には共生関係が始まっていたと推定されており，それ以来共生細菌は垂直伝播によって途切れることなく受け継がれ，現在に至っていると考えられている（Moran *et al*., 1993）．アブラムシ類以外の昆虫分類群においては化石記録が不十分なため大雑把な推定しかできていないが，いずれの共生関係も数千万〜数億年の歴史があるのではないかと予想されている（Baumann, 2005; Moran *et al*., 2008）.

1.5 ゲノムの縮小

この章では宿主昆虫に栄養分を供給する共生細菌に共通して見られるユニークな特徴について解説してきたが，最後に紹介するのは共生細菌のゲノムサイズ[3]の特徴である．近年における DNA シーケンスの急速な技術発展に伴って，細菌類の全ゲノムは次々と解明されてきており，昆虫の共生細菌についても例外ではない．そんな状況の中で，昆虫の共生細菌は他の細菌に比べてゲノムサイズが非常に小さいというはっきりとした傾向が見えてきている．たとえば，アブラムシ類の共生細菌ブフネラのゲノムサイズは 42 万〜64 万塩基，ツェツェバエの共生細菌ウィグルスワーシアでは 70 万塩基，オオヨコバイ類の共生細菌ボウマニア（*Baumannia*）では 69 万塩基，オオアリ類の共生細菌ブロックマンニア（*Blochmannia*）では 71 万塩基であり，いずれも非常に小さい（McCutcheon & Moran, 2012）．細菌類のゲノムサイズの話を聞いたことがない読者がこの数字だけを見てもピンとこないと思うので，これらの共生細菌に比較的近縁で昆虫と共生せず環境中に生息している細菌のゲノムサイズを以下に列挙すると，大腸菌（*Eschirichia coli*）

---

[3] ゲノム（genome）とは，ある生物のもつ全遺伝子 1 セットのことである．ほとんどの生物のゲノムは DNA の巨大分子で構成されており，ゲノムサイズはその分子の全長を塩基（A, T, G, C のヌクレオチド）の数で表す．たとえばヒト（人間）のゲノムサイズは約 30 億塩基である．ヒトのような二倍体生物は一つの個体がゲノムを 2 セットもつが（通常は母親由来の 1 セットと父親由来の 1 セット），細菌類では一つの個体（＝細胞）がもつゲノムは基本的に 1 セットである．また，細菌類のゲノムは 1 個ないしは数個の環状二本鎖 DNA で構成される．

が464万塩基，コレラ菌（*Vibrio cholerae*）が403万塩基，緑膿菌（*Pseudomonas aeruginosa*）が626万塩基である（Blattner *et al*., 1997; Heidelberg *et al*., 2000; Stover *et al*., 2000）．やや大雑把にまとめると，昆虫の共生細菌のゲノムサイズは他の細菌のものよりも一桁小さいのである．ゲノム上に存在している遺伝子の数においても同様の傾向が見られ，それぞれの細菌がもつ遺伝子の数はブフネラで357〜564個，ウィグルスワーシアで611個，ボウマニアで595個，ブロックマンニアで583個であるのに対し，大腸菌では4,243個，コレラ菌では3,835個，緑膿菌では5,570個と，やはり共生細菌では一桁少ない．

現在昆虫と共生している細菌も，共生関係が成立する以前は大腸菌などと同じように昆虫の体外で生活していたはずであり，その段階ではゲノムサイズがもっと大きく，多くの遺伝子をもっていたと予想される．昆虫と共生することによってゲノムサイズが小さくなり，多くの遺伝子を失ったわけだが，なぜそのようなゲノム進化が生じたのだろうか？　おそらくは，昆虫の体内という環境が，外部環境（水中や土壌中など）に比べるとストレスが少ない環境，言い換えると自然淘汰圧が弱い環境であるからと考えられる．乾燥や紫外線といった多くのストレスが存在する外部環境で生き残っていくためには，ストレスに耐えるためにさまざまな遺伝子のはたらきが必要となる．しかし，ストレスの少ない昆虫の体内に生活の場を移すと，それらの遺伝子は生存上不必要となり，失ってしまっても淘汰されずに子孫を残すことができるのであろう．昆虫と共生を始めた細菌は，生存上不必要となった遺伝子を少しずつ失いながら，数千万〜数億年という長い共生の歴史を経験することで，非常に小さなゲノムをもつに至ったと考えられている．

ところで，このような小さいゲノムをもつ共生細菌を昆虫の体外に取り出し，十分に栄養分を含んだ培地に接種しても，生存できずに死滅してしまう．あらゆる培養条件を試しても結果は同じであり，現在のところ宿主昆虫の体外で培養できたという報告例はない．これらの共生細菌は多くの遺伝子を失った結果として，宿主昆虫の体の外で生存することが不可能になっているのだろう．宿主昆虫は共生細菌がいないと栄養不足で生きていけないのだが，共生細菌も宿主昆虫なしに生きていくことができなくなっているのである．

最後に，昆虫の共生細菌の中でも極端にゲノムが小さくなっている例について紹介しておきたい．キジラミ類の共生細菌カルソネラ（*Carsonella*）のゲノムサイズは16万塩基で遺伝子数は182個，コナカイガラムシ類の共生細菌トレンブレイヤ（*Tremblaya*）ではゲノムサイズが14万塩基で遺伝子数が121個，アワフキムシ類の共生細菌ジンデリア（*Zinderia*）は21万塩基で遺伝子数が202個，セミ類の共生細菌ホジキニア（*Hodgkinia*）は14万塩基で遺伝子数が169個しかない（McCutcheon & Moran, 2012）．驚くべきことにこれらの共生細菌は，DNAの複製・転写・翻訳といった生物として機能していくために必須な遺伝子も多数失っている．これらの共生細菌がどのようにして生物機能を維持しているのかは謎であるが，一つだけ興味深い研究例がある．ミカンコナカイガラムシと共生しているトレンブレイヤは，翻訳に関連する遺伝子と細胞壁の合成に関連する遺伝子の多くを失っている．この重要な遺伝子の欠失は，宿主昆虫のゲノム内にある遺伝子，およびトレンブレイヤの細胞内に入れ子状に共生する第二の共生細菌モラネラ（*Moranella*）のゲノム内にある遺伝子で補完されていることが，ゲノム解析と発現遺伝子解析の結果から示唆されている（Husnik *et al.*, 2013）．

Box 1　カメムシのニオイ

世間一般の方々にとってカメムシは“クサイ虫”というイメージが圧倒的に強いようで，私が自己紹介などで“カメムシの研究をやっています”というと，多くの方が“あのニオイの研究ですか？”と返してくる．そしてニオイの話になると気づくのが，カメムシのニオイは“おなら”と思っている人が少なくないことである．しかしこれはまったくの誤解で，カメムシのニオイは肛門から出されるガスではなく，胸部の腹側，脚の付け根付近に左右 1 対ある臭腺孔から噴射される揮発性の高い液体なのである．カメムシはこのニオイを天敵から身を守るために使っているようだが，同種の他個体に危険を知らせる警報フェロモンや，同種の他個体を呼び寄せる集合フェロモンとしても使っているようである．なお，私はカメムシを材料にした研究を 20 年ほどやっているが，ニオイの研究はまったくやったことがない．カメムシのニオイの質や量に体内の共生細菌が何かしらの影響を与えていたら面白そうだが，ニオイと共生細菌の関係はまだ誰も調べていない．

マルカメムシの共生細菌とカプセル

2.1 “腸内”共生細菌

前章では昆虫と必須相利共生関係にある共生細菌の一般的な特徴について解説したが，本章からがこの本の主題であるカメムシ類の共生細菌の話になる．私と共同研究者たちがカメムシ類の共生細菌の研究を本格的に始めたのは 2000 年である（私が本格的に研究に参画したのは 2003 年からであるが，その経緯については別稿 [細川，2012] をご覧いただきたい）．このときすでに，アブラムシ類の共生細菌ブフネラとツェツェバエ類の共生細菌ウィグルスワーシアについてはかなり研究が進んでおり，前章でも述べたとおり，この研究分野のモデル生物と呼べる存在になっていた．そんな中，私と共同研究者たちがあえてカメムシ類の共生細菌に注目して研究を始めたのは非常に大きな魅力を感じていたからなのであるが，その魅力に気づかせてくれたのが，カメムシ類の中でもマルカメムシ類と呼ばれるグループの共生細菌である．この本においてもまずはマルカメムシ類の共生細菌に登場してもらい，ブフネラやウィグルスワーシアなどと何が共通で何が違っているのかを強調しながら解説することによって，カメムシ類の共生細菌研究の魅力を読者の皆さんと共有したい．

カメムシ類[1]は，大きく五つの上科に分類され，それらがさらに細かく全30科ほどに分けられている．この章に登場するマルカメムシ類は，その中の一つの科であるマルカメムシ科に属するカメムシたちである．マルカメムシ科は全世界で約500種，日本国内では4属15種が知られており（Schuh & Slater, 1995; 石川ら，2012），その名のとおり基本的にはまるっこい体型をしているカメムシである（**図2.1**）．日本における代表的な種はマルカメムシ *Megacopta punctatissima*（図2.1A）であるが，このカメムシは我々にとって最も身近なカメムシの一つで，おそらく多くの方がこのカメムシを一度は見たことがあるのではないだろうか．分布域が広く（ただし北海道と沖縄にはいない），個体数が多く，住宅街の近くにも普通に生息しており，洗濯物に集まる習性があるので，特に探さなくてもそれなりの頻度で見かけるだろう（ちなみにマルカメムシは洗濯物が好きというわけではなく，白色や明るい黄色のものが好きなようである）．そしてこのカメムシは強烈な悪臭を放つことでも有名である．洗濯物や着ている服にしがみついたマルカメムシを手ではたき落とそうとして“ニオイ攻撃”を食らった経験がある方も少

---

[1] 本書では便宜上，「カメムシ類」という言葉を，半翅目に属するカメムシ下目と呼ばれるグループに含まれる昆虫を指して使用することにするが，他の文献ではカメムシ亜目と呼ばれるより広いグループを指して使っている場合があるので注意が必要である．本書の第2〜7章に登場するカメムシは，すべてカメムシ下目に含まれる．第8章に登場するトコジラミはカメムシ下目ではなくトコジラミ下目に属する昆虫だが，トコジラミ下目もカメムシ亜目に含まれるので，広義のカメムシ類に含まれることになる．

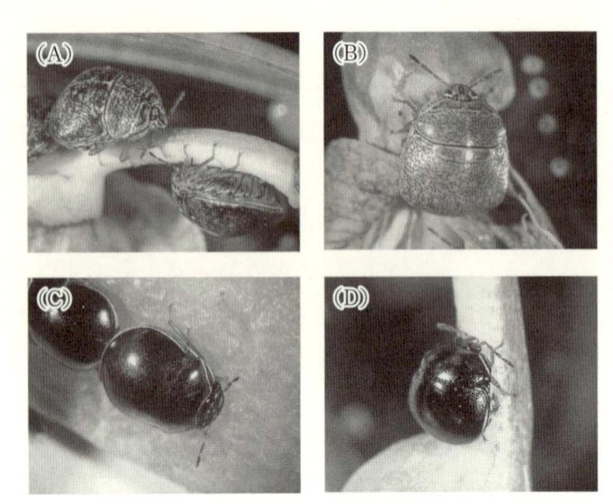

図 2.1　マルカメムシ科に属するカメムシ

A. マルカメムシ．B. タイワンマルカメムシ．C. クロツヤマルカメムシ．D. ミヤコキベリマルカメムシ．→口絵 1

なくないであろう．ちなみに私の地元（大阪府の北東部）ではこのくさい虫はずばり“クサムシ（臭虫）”という方言で呼ばれて嫌われ者となっていた．

マルカメムシ類は，寄主植物の茎に取りついて口吻と呼ばれるストロー状の口を茎に差し込み，植物の汁を吸って餌にしている．つまり，アブラムシ類などと同様に，餌に含まれる栄養分は必須アミノ酸が不足していると考えられる．したがって体内に共生細菌を保持し，共生細菌に不足栄養分を合成してもらって生活していることが予想される．しかしマルカメムシ類を解剖して体の中をくまなく調べても，他の昆虫で見られるような菌細胞塊は決して見つからない．では共生細菌はどこにいるのかというと，実は腸内にいるのである．昆虫の消化管は口に近いほうから前腸・中腸・後腸と三つに区分されるが，マルカメムシ類では中腸の後端部分の内壁に盲嚢と呼ばれる小さい袋状の構造が多数発達しており，その内部に共生

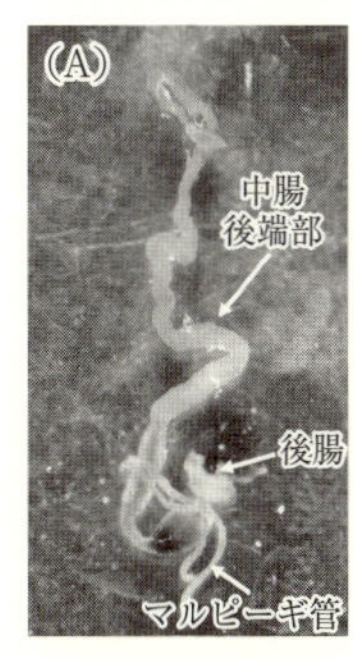

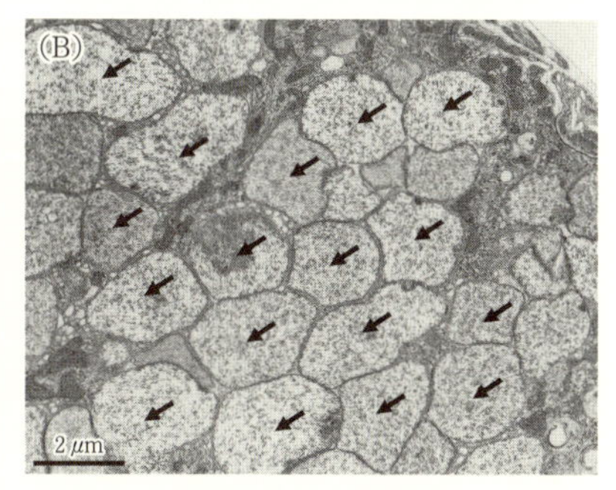

図 2.2　マルカメムシの消化管と共生細菌
A. 中腸の後端部とマルピーギ管および後腸．B. 盲嚢内部の共生細菌（矢印）．

細菌が詰まっているのである（**図 2.2**）（Schneider, 1940; Fukatsu & Hosokawa, 2002; Hosokawa *et al*., 2005, 2006; 細川, 2011a, 2012）．ここで重要なことは，"腸内"というのは腸の管の内腔のことであり，宿主昆虫の細胞の内部ではない．前章で紹介した他の昆虫の共生細菌は，すべて菌細胞という細胞の内部に共生する細菌であったのに対し，マルカメムシ類を含む大部分のカメムシ類の共生細菌は，細胞の外部に共生する細菌なのである．

2.2 カプセルによる垂直伝播

マルカメムシ類が腸内共生細菌をもつことは，ヨーロッパに生息するマルカメムシ類の一種 *Coptosoma scutellatum*（和名はつけられていない）で初めて報告されたのだが（Schneider, 1940），この論文ではもう一つ非常に興味深い現象が報告されている．実はこの現象こそが，私たちがカメムシ類の共生細菌の魅力に気づくきっかけになったものであり，以下で詳しく紹介したい．

マルカメムシ類を飼育してみると，その卵に奇妙な特徴があることにすぐに気がつく．マルカメムシ類は卵をきれいに二列に並べて

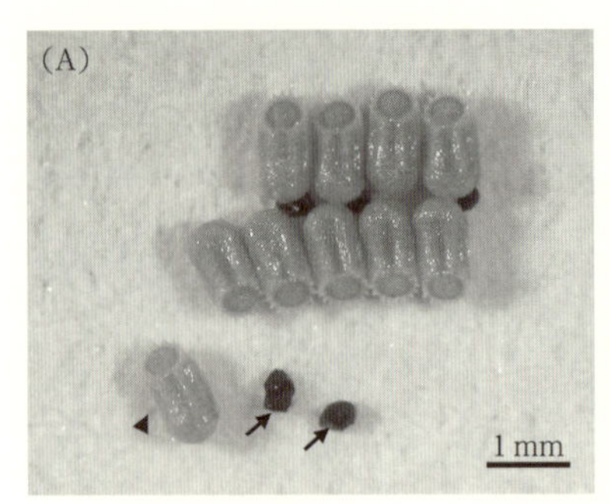

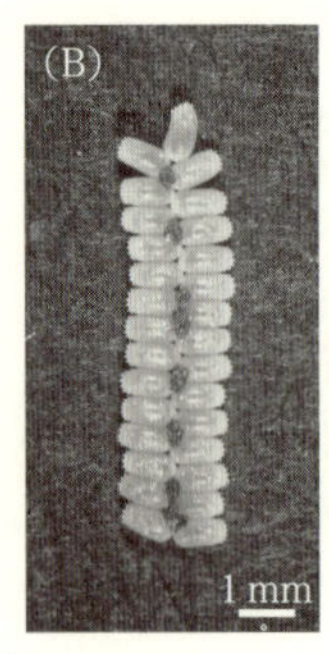

図 2.3　マルカメムシ類の卵塊

A. マルカメムシの卵塊から分離した卵（矢頭）と黒い粒（矢印）. B. タイワンマルカメムシの卵塊を下側から見たところ.

卵塊として産むのだが，その卵塊の下側の卵の隙間になる部分に黒い粒が必ずくっついている（**図 2.3**）．産卵している最中のメスを観察してみると，この黒い粒はメスの肛門から出されることがわかる．つまりマルカメムシ類のメスは，産卵の合間に黒い粒を卵にくっつけて産みつけるのである．卵の数と黒い粒の数の割合は種によって異なるが，マルカメムシの場合では卵 3〜4 個に対して黒い粒が 1 個産みつけられる（Hosokawa *et al*., 2007a; 細川，2011a, 2012）.

産卵されてから幼虫が生まれるまでは，卵も黒い粒も特に目につく変化は見せない．しかし，卵から生まれた幼虫の行動はとても特徴的である．幼虫は卵殻から出てきたのち数分間はじっとしているのだが，その後，突如として慌ただしく歩きだし，口吻をしきりに動かして卵殻の隙間に抜き差しする．そのうちに（おそらく偶然に）口吻の先が黒い粒に触れると，慌ただしく動いていた幼虫はその瞬間にぴたりと動きを止め，口吻を黒い粒に差し込んだ状態で静止する（**図 2.4**）．数十分間にも続く静止を経て，幼虫は黒い粒から口吻を引き抜き，その後はあたかも安心したかのように卵塊のそ

図 2.4　黒い粒に口吻を突き刺して静止するマルカメムシの 1 齢幼虫
観察しやすいように一部の卵は取り除いてある．

ばでじっとしてしばらく動かなくなる（Hosokawa *et al*., 2008; 細川，2011a, 2012）．この行動を見ていると，幼虫は黒い粒を懸命に探し，見つけると内容物を体内に取り込み，そしてその内容物はカメムシにとって重要なものであるように思える．なお，幼虫が黒い粒を探し当てるシーンのビデオ動画を筆者のホームページで閲覧できるようにしているので，興味のある方はぜひ一度ご覧いただきたい[2)]．

では，黒い粒の中には何が入っているのだろうか？　マルカメムシの卵塊から黒い粒を取り外し，薄い切片を作成して電子顕微鏡で観察すると，粒の内部には細菌の細胞と思われるものが多数認められる（Hosokawa *et al*., 2005; 細川，2011a, 2012）．そして，この細菌のもつ遺伝子の塩基配列を調べると，母親の腸内にいた共生細菌のものとぴったりと一致する．つまりマルカメムシ類のメスは，腸内に保持する共生細菌の一部を黒い粒に封入して卵のそばに産みつけているのである．次に，黒い粒を探し当てる前の幼虫と黒い粒から口吻を引き抜いた後の幼虫のそれぞれの体内に共生細菌が入

[2)] https://sites.google.com/site/marukamemushi/home/topics

っているかどうかを調べると，前者の体内からはまったく共生細菌が検出されないのに対して，後者の体内からは共生細菌が検出される．これは，黒い粒の中に入っている共生細菌を，幼虫が口から取り込んでいることを意味している．黒い粒の中の共生細菌は母親の腸内に由来するものなので，結果として共生細菌は母親から子へと垂直伝播されるのである．私と共同研究者たちはこの共生細菌の入った黒い粒のことを“カプセル”と呼んでいるので，本書でも以降はそのように表記したい．私たちがこれまでに調査した限りでは，カプセルを使った腸内共生細菌の垂直伝播は，マルカメムシ科のすべての種に共通して見られる特徴のようである（Hosokawa *et al*., 2006; 細川，2011a, 2012）．

さて，第1章で解説した菌細胞内の共生細菌の垂直伝播メカニズムについて思い出してもらいたい．菌細胞の内部の共生細菌は宿主昆虫の母親の体内で子に受け渡されるので，子は生まれたとき（母親の体の外に出たとき）から共生細菌を保持している（**図 2.5**A）．一方，マルカメムシ類の共生細菌の垂直伝播は宿主昆虫の体外で起こっており，母親から生まれた子はまだ共生細菌をもっておらず，その後に子がカプセルから共生細菌を取り込むことで垂直伝播が成立するのである（図 2.5B）．この特徴は本章の冒頭で述べた“カメムシ類の共生細菌の魅力”と大きく関係するのだが，これについては 2.5 節で詳しく解説したい．

2.3 共生細菌の機能

すでに書いたように，マルカメムシ類は植物の汁という必須アミノ酸の乏しい餌のみを食べているので，共生細菌に必須アミノ酸を合成してもらうことで栄養不足を回避していることが予想される．これを確かめるためにおこなった二つの実験について順に紹介した

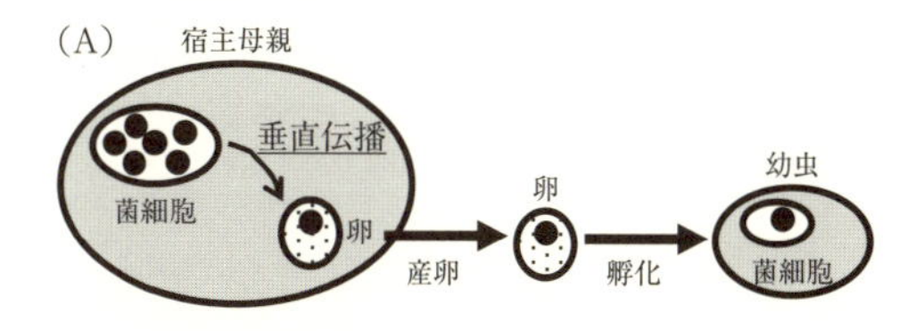

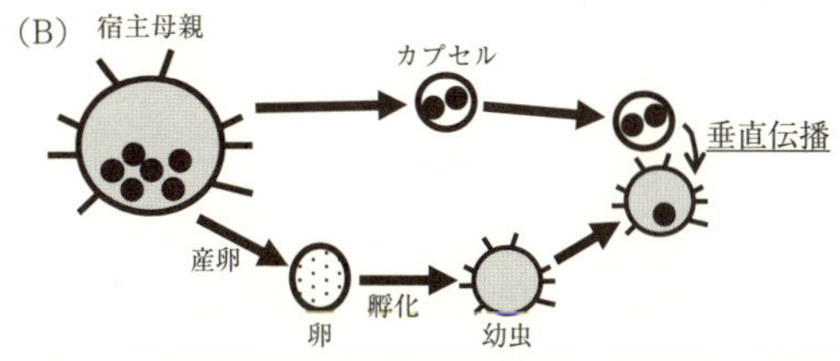

図 2.5　マルカメムシ類の腸内共生細菌と他の昆虫の菌細胞内共生細菌の垂直伝播
A. 菌細胞内共生細菌の場合．垂直伝播は宿主の母親の体内で起こる．B. マルカメムシ類の腸内共生細菌の場合．垂直伝播は宿主の母親の体外で起こる．どちらの図も黒丸が共生細菌を表す．

い．まずはカメムシから共生細菌を取り除く実験である．前章では抗生物質を使って共生細菌を取り除く方法を紹介したが，この方法では宿主昆虫に抗生物質の副作用がはたらく可能性が否定できない．これに対して，マルカメムシ類では幼虫からカプセルを取り上げてしまえば，共生細菌をもたない個体を作成することが可能である．上述のヨーロッパのマルカメムシ類の一種 *C. scutellatum* を使った研究では，共生細菌をもたない幼虫は成長が著しく遅れることが示されている（Müller, 1956）．私たちが日本のマルカメムシ類を使っておこなった実験も概ね同じ結果を得ているので，こちらを例に挙げて紹介しよう．**図 2.6** に示したように卵塊を二つに分割し，一方は対照区（コントロール区）としてそのまま，もう一方は処理区としてカプセルをすべて取り外してしまう．すると，対照区の幼虫はカプセルから共生細菌を取り込むことができるが，処理区

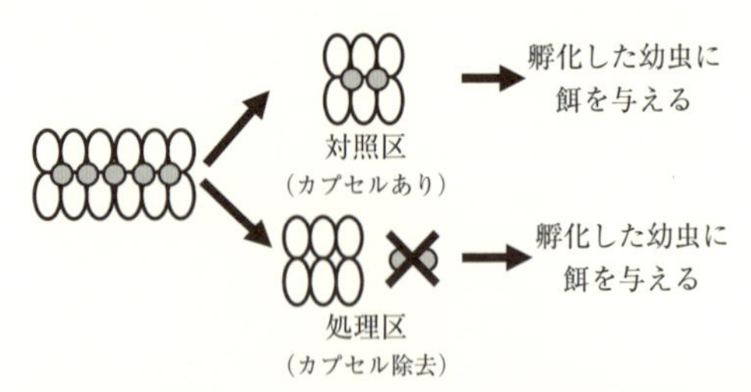

図 2.6　マルカメムシ類におけるカメムシから共生細菌を取り除く実験の方法

の幼虫は共生細菌を取り込めない．このようにして作成した“共生細菌をもつ幼虫”と“共生細菌をもたない幼虫”のそれぞれに，餌である寄主植物を与えると，どちらの実験区の幼虫も同じように植物の汁を吸い始めるのだが，共生細菌をもたない幼虫は成長が極めて遅く，成長過程でばたばたと死んでしまった．共生細菌をもつ幼虫はほとんどすべての個体が正常に成虫まで育ったのに対し，共生細菌をもたない幼虫は半分以上が死亡し（**図 2.7**A），残りの幼虫は何とか成虫まで育つが，色が白っぽく，体は小さくて柔らかいという異常な成虫にしかなれなかった（図 2.7B）（Fukatsu & Hosokawa, 2002; Hosokawa *et al*., 2006; 細川，2011a, 2012, 2015）．前章で紹介したアブラムシ類やツェツェバエ類と同様に，マルカメムシ類も共生細菌がいないと正常に成長できないのである．この実験結果，およびマルカメムシ類が植物の汁を吸っていることを考慮すると，マルカメムシ類の共生細菌も何らかの必須アミノ酸を合成して宿主カメムシに供給しており，共生細菌を取り除いたカメムシは必須アミノ酸不足に陥って正常に成長できなかった可能性が考えられる．

では共生細菌は，具体的にどの必須アミノ酸を合成しているのだろうか？　もう一つの実験では DNA シークエンサーを使ってマルカメムシの共生細菌の全ゲノムを解読し，共生細菌がどのような遺

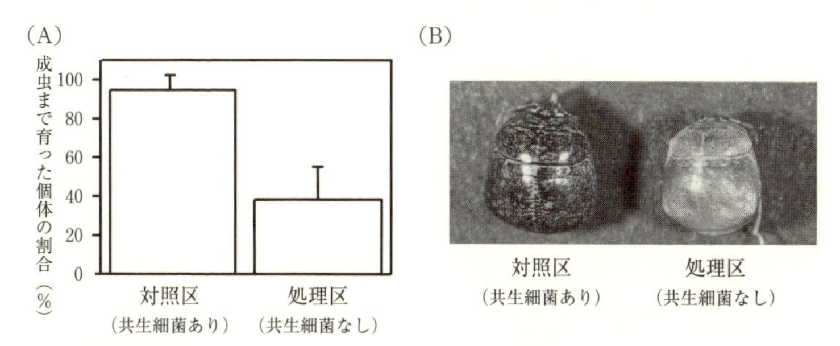

図 2.7　マルカメムシにおけるカメムシから共生細菌を取り除く実験の結果
A. 成虫まで育った個体の割合．グラフは平均値と標準偏差を示しており，実験区間で統計的に有意な違いがある（どちらの実験区もサンプル数は 10）．B. 羽化した成虫．処理区で羽化した成虫は，体が白っぽくて小さいなどの異常が例外なく見られる．Hosokawa *et al*. (2006) による図を改編．

伝子をもっているかについて調べた．その結果，マルカメムシの共生細菌はアルギニンやトリプトファンなどを合成する遺伝子をもっており，必須アミノ酸の合成能力についてはアブラムシ類の共生細菌ブフネラと非常に似ていることが明らかとなった．植物の汁を吸うという食性の類似性から予想されたように，マルカメムシ類においてもアブラムシ類の共生細菌と似た機能をもった共生細菌が進化していたのである（Nikoh *et al*., 2011）．

2.4 共種分化とゲノム縮小

マルカメムシ類と共生細菌の系統関係は，それぞれどうなっているだろうか？　まず 16S rRNA 遺伝子の塩基配列に基づく共生細菌の分子系統樹を**図 2.8**A に示した．マルカメムシ類の共生細菌は統計的に強く支持される独自の単系統群を形成することから，共通の祖先から分化してきたと考えられる．なお，ここで示した系統解析では，マルカメムシ類の共生細菌とアブラムシ類の共生細菌ブフネラも共通の起源をもつことを支持する結果になっているが，全ゲノ

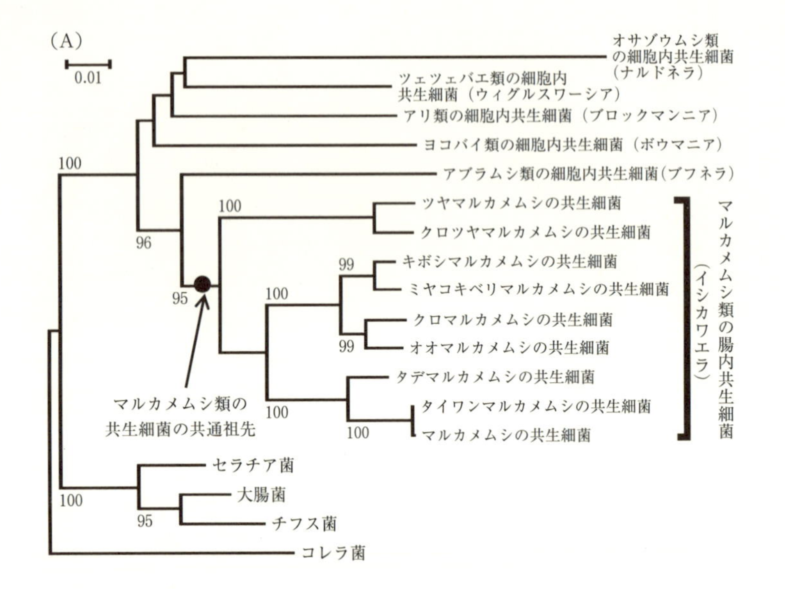

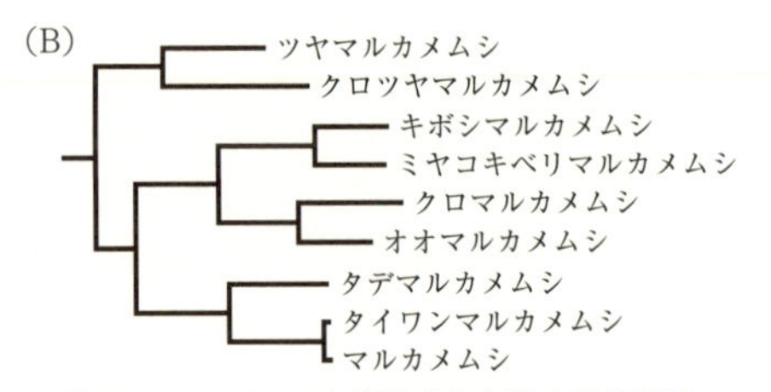

図 2.8　マルカメムシ類と共生細菌の系統関係

A. 細菌の 16S rRNA 遺伝子の塩基配列に基づくマルカメムシ類の共生細菌の系統関係. B. ミトコンドリアの 16S rRNA 遺伝子の塩基配列に基づくマルカメムシ類の系統関係. A, B はいずれも近隣結合法で推定された系統樹で数値はブートストラップ値. Hosokawa *et al*. (2006) による図を改編.

ム情報を用いた詳細な系統解析では，マルカメムシ類の共生細菌とアブラムシ類の共生細菌は異なる起源をもつことがわかっている (Nikoh *et al*., 2011). 次に，マルカメムシ類の共生細菌の系統関係を宿主カメムシの系統関係と比較してみると，分岐パターンは完全に一致している（図 2.8B）．これらのデータは，マルカメムシ類の共通祖先がすでに共生細菌を保持しており，それを垂直伝播しながら種分化することで共生細菌が共種分化してきたことを強く示唆している．なお，この系統解析の結果を論文で発表する際，他の昆虫の共生細菌に倣ってマルカメムシ類の共生細菌にも学名をつけることにしたのだが，日本における昆虫共生細菌研究の祖といえる存在であり，この論文を投稿する前年に亡くなっていた故・石川 統先生に献名させていただいてイシカワエラ（*Ishikawaella*）として発表した（Hosokawa *et al*., 2006）．ちなみに表 1.1 にリストした他の昆虫の共生細菌の学名も著名な研究者に献名されたものが多く，たとえばアブラムシ類の共生細菌ブフネラ（*Buchnera*）は，出版から 50 年以上経っているにもかかわらず未だ最新の論文に引用され続けており，昆虫共生細菌研究者にとってのバイブルともいえる *Endosymbiosis of animals with plant microorganisms*（Buchner, 1965）の著者であるブフナーに献名されたものである．

次にイシカワエラのゲノムサイズであるが，前節で述べた全ゲノム解析の結果，75 万塩基からなり，611 個の遺伝子がコードされているゲノムであることが明らかとなっている（Nikoh *et al*., 2011）．第 1 章で紹介した他の細菌のデータを再度示すと，昆虫の共生細菌ではブフネラが 42 万～64 万塩基（357～564 遺伝子），ウィグルスワーシアが 70 万塩基（611 遺伝子），ボウマニアが 69 万塩基（595 遺伝子），ブロックマンニアが 71 万塩基（583 遺伝子）であり，昆虫と共生していない細菌では，大腸菌が 464 万塩基（4,243 遺伝子），コレラ菌が 403 万塩基（3,835 遺伝子），緑膿菌が 626 万塩基（5,570 遺伝子）であった．イシカワエラのゲノムは他の昆虫の共生細菌と同等のレベルでゲノムが縮小しており，多くの遺伝子を失っているのである．また，イシカワエラもどんな培地を使っても培養できていないので，おそらくカメムシの体の外で生存していくための遺伝子を失っているのだと思われる．マルカメムシ類は化石記録が知られていないのでイシカワエラとの共生がどれくらい長く続いてきたのかについては推定できていないが，イシカワエラのゲノム縮小の程度から考えると，やはり他の昆虫の共生細菌と同程度で，数千万年から数億年くらい続いているのではないかと考えている．

2.5 カメムシ類の共生細菌の魅力

ここまでマルカメムシ類の共生細菌イシカワエラの特徴について解説してきたが，ここで一度まとめておきたい．イシカワエラは，宿主であるマルカメムシ類の成長に必要な必須アミノ酸を合成し，宿主の母親から子へ垂直伝播され，宿主と共種分化しており，ゲノムサイズが縮小して多くの遺伝子を失っている．これらの特徴は第1章で紹介した他の昆虫の共生細菌と共通しているのだが，イシカワエラと他の昆虫の共生細菌には決定的な違いが二つあり，一つは宿主の細胞の外部である腸内に共生していること，そしてもう一つは垂直伝播が宿主の体外で起こることである．この二つの違いにはそれぞれ大きな意義がある．まず前者の“細胞外共生”であるが，イシカワエラの発見以前は，共生細菌の共種分化やゲノム縮小といった特徴は菌細胞内の共生細菌でのみ知られていた現象だったため，細胞内共生細菌に特有なもの，あるいは共生細菌が宿主の細胞内に生息するがゆえにそういう進化が起こると考えることができた．しかしイシカワエラの発見によって，共種分化やゲノム縮小は，宿主の細胞の外部に共生していても起こりうることが初めて明らかとなったのである（Hosokawa *et al*., 2006）．

そして後者の“体外での垂直伝播”であるが，これは本章の冒頭に書いた“カメムシ類の共生細菌の魅力”と大きく関係している．ではその魅力とは何か？　まず一つは，共生細菌の垂直伝播という現象がリアルタイムで観察できることである．前章で解説したように，菌細胞内の共生細菌の垂直伝播は宿主昆虫の体の内部で起こるので，宿主昆虫を殺してしまわないと観察できない現象であった．一方で，マルカメムシ類におけるイシカワエラの垂直伝播は，母親がカプセルを産み，幼虫がカプセルを吸う，というカメムシの行動として観察できるのである．動物の奇妙な行動を観察していると“何をやっているんだろう？”，“これから何が起こるんだろう？”とワクワクする．これは私のような動物の行動を研究している者だけでなく，多くの読者の方々に共感していただけるのではないだろうか（観察している動物が苦手な人はダメかもしれないが）．この何ものにも代えがたいワクワク感を楽しめることが，カメムシ類の共生細菌の魅力の一つなのである．実は，マルカメムシ類だけでなくクヌギカメムシ類やベニツチカメムシの共生細菌の研究をしていたときにも，このたまらないワクワク感があったのだが，それはこの後の第3章と第4章でじっくりと語らせていただくことにする．

カメムシ類の共生細菌のもう一つの魅力は，本来の共生細菌を別の細菌に置き換える実験ができることである．たとえばマルカメムシ類の場合だと，A種とB種がいるときに，卵から生まれたA種の幼虫からカプセルを取り上げ，代わりにB種のカプセルを与えることで，A種の幼虫にB種の共生細菌を取り込ませることができる．菌細胞内に共生細菌をもつ昆虫の場合では，子が母親から生まれたときからすでに共生細菌を体内にもっているので，このような実験は非常に困難であるが，カメムシ類では上記のような比較的容易な操作によって実現するのである．本来の共生細菌ではない細菌と共生した昆虫ではいったいどのようなことが起こるのであろうか？　さまざまな想像が膨らんでやはりワクワクしてしまうのだが，今度は単にワクワクできるだけでなく，他の昆虫の共生細菌の研究からは得られない貴重な科学的知見が得られる研究が可能になるのである．次節において，マルカメムシ類の共生細菌の置き換え実験によって得られた新知見を紹介したい．

2.6 共生細菌の置き換え実験で得られた新発見

我々の身近なところで見られるマルカメムシ類の例としてマルカメムシ *M. punctatissima* をすでに紹介しているが，日本には同属の近縁種であるタイワンマルカメムシ *M. cribraria*（図 2.1B）も生息している[3]．日本国内においてこの 2 種の分布は異なっており，マルカメムシは本州・四国・九州，タイワンマルカメムシは琉球列島に生息している．生態もよく似た 2 種であるが，食性が若干異なっており，マルカメムシはクズなどの野生マメ科植物の他にダイズなどのマメ科作物も餌としているのに対し，タイワンマルカメムシはもっぱらタイワンクズという野生マメ科植物を餌としている．では，この 2 種の餌植物利用能力は異なっているのだろうか？　これを確かめるために，実験室内でダイズとエンドウを餌にして 2 種を飼育してみると，マルカメムシでは特に異常が見られないのだが，タイワンマルカメムシは卵のときに死亡する個体が多く，正常に孵化する卵の割合（以降では孵化率と呼ぶ）が低い．つまりダイズとエンドウはマルカメムシにとってはよい餌なのだが，タイワンマル

---

[3] 日本国内で出版されている図鑑では，マルカメムシ *M. punctatissima* とタイワンマルカメムシ *M. cribraria* は別種として扱われている．しかし，特に海外の研究者の多くは，これらのカメムシを同一種と見なすべきであると考えており，マルカメムシとタイワンマルカメムシの両方を *M. cribraria* として扱っている文献も多い．

カメムシにとってはあまりよい餌ではなく，2種の餌植物利用能力は異なっていると考えられる．

昆虫の餌植物利用能力は，昆虫のゲノム上にある遺伝子が決めていると考えるのが普通であるが，そこに共生細菌は関与していないだろうか？　私は「宿主昆虫の餌植物利用能力には，共生細菌のゲノム上にある遺伝子も影響を与えている」という仮説を立て，これを検証するための実験をおこなった．ここで登場するのが，共生細菌の置き換え実験である．もし，マルカメムシとタイワンマルカメムシの共生細菌を相互に置き換えたときに餌植物利用能力も入れ替わるならば，仮説は支持されたことになるだろう．具体的な実験手順は以下である．まず，マルカメムシの卵塊を準備し，二つに分割する．片方は対照区としてそのまま，もう一方は共生細菌置き換え区としてカプセルをすべて取り外し，代わりにタイワンマルカメムシの卵塊から取り外したカプセルを配置する．こうすると対照区の卵塊から生まれたマルカメムシの幼虫は本来の共生細菌を取り込むが，置き換え区の卵塊から生まれたマルカメムシの幼虫はタイワンマルカメムシの共生細菌を取り込むことになる（**図 2.9**）．タイワンマルカメムシの卵塊においても同様の処理をおこなうことで，2種のカメムシの共生細菌を相互に置き換えることができる．それぞれの卵塊から生まれた幼虫にカプセルを吸わせた後，ダイズとエンドウを餌にして成長・繁殖させたときの卵の孵化率を調べて比較した．

まず共生細菌を置き換えた幼虫の成長であるが，極めて普通に成長し，対照区との違いはほとんど見られなかった（**図 2.10**A，B）．次にこれらの成虫に産卵させると，共生細菌を置き換えた成虫はやはり普通に産卵した．そしていよいよその卵の孵化率であるが，図2.10C，Dのグラフが結果を示している．まず二つの対照区の結果を

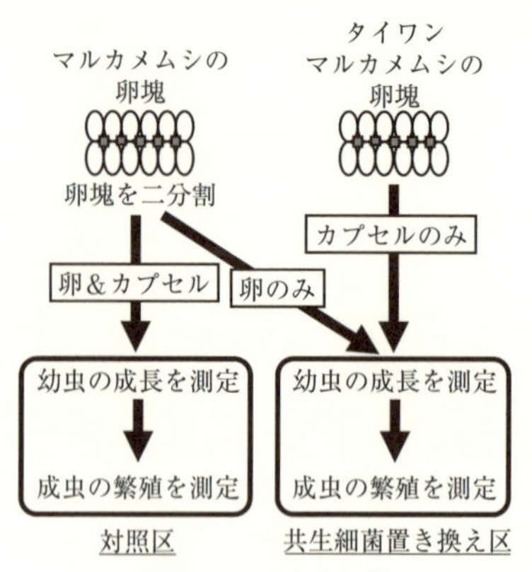

図 2.9　マルカメムシ類における共生細菌置き換え実験の方法
この図ではマルカメムシの共生細菌をタイワンマルカメムシの共生細菌に置き換える場合を示している.

見てもらいたい. 2種それぞれのカメムシが本来の共生細菌を保持しているとき, マルカメムシの卵は80% ほどが孵化するのに対し, タイワンマルカメムシの卵は50% ほどしか孵化しない. では共生細菌を置き換えるとどうなったか?　共生細菌を置き換えるとマルカメムシの卵の孵化率は25% ほどに下がり, タイワンマルカメムシの卵の孵化率は90% ほどまで上がったのである. これは上記の仮説をはっきりと支持する結果であり, この2種のカメムシは, マルカメムシの共生細菌と共生している場合はダイズとエンドウを餌としてうまく繁殖できるのだが, タイワンマルカメムシの共生細菌と共生している場合には卵の孵化率が低くなってしまう. 宿主昆虫の利用できる餌植物に共生細菌が影響を与えているかもしれないというアイディアは, おそらく昔から多くの研究者が抱いていたと思うが, 菌細胞内の共生細菌では置き換え実験が困難なため検証されてこなかったのだろう. 私たちが魅力を感じていたカメムシ類の共生細菌の特性を活かすことによって, 新しい, そして大きな発見が

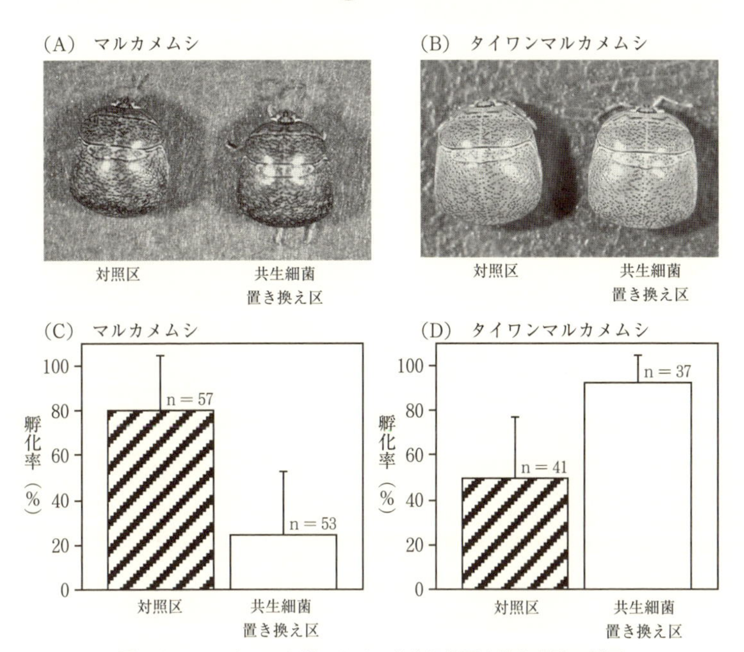

図 2.10　マルカメムシ類における共生細菌置き換え実験の結果

A. 共生細菌を置き換えて成長させたマルカメムシ．B. 共生細菌を置き換えて成長させたタイワンマルカメムシ．C. 共生細菌を置き換えたマルカメムシが産んだ卵の孵化率．D. 共生細菌を置き換えたタイワンマルカメムシが産んだ卵の孵化率．Hosokawa *et al*. (2007b) による図を改編.

生まれたのである（Hosokawa *et al*., 2007b; 細川，2008, 2012)．

次に解明すべきは，共生細菌のもつどの遺伝子が，宿主昆虫の利用できる餌植物に影響を与えているのかという問題である．マルカメムシの共生細菌とタイワンマルカメムシの共生細菌の全ゲノムを比較することによってその違いを洗い出し，原因遺伝子を特定する研究が現在進行中であり，その成果は近い将来に発表できる見通しである．

2.7 カプセルとは何か？

この章の最後に，マルカメムシ類の最大の特徴ともいえる“カプセル”の生物的特性についてもう少し詳しく触れておきたい．カプセルとは単なる共生細菌の塊ではなく，共生細菌以外の構成要素も含まれている（Müller, 1956）．マルカメムシのカプセルの切片を電子顕微鏡で観察すると，その構造から外殻と内容物の二つの部分に分けられる．外殻は層状の構造をしており，この部分には共生細菌の細胞は存在していない（**図 2.11**A）．一方，内容物の部分には共生細菌の細胞が存在するのだが，隙間なく詰まっているのではなく，共生細菌の隙間には何かしらの物質が存在している（図 2.11B）．これらの共生細菌以外の構成要素については，メスの中腸の最後端部で生産・分泌されることがわかっており（Hosokawa *et al.*, 2005），最近の研究ではそれがある種のタンパク質であることも明らかになりつつある．しかし，そのタンパク質の生物的機能は現在のところ未知である．すでに書いているとおり，マルカメムシ類の共生細菌をカメムシの体外に取り出すと，どんな培地を使って

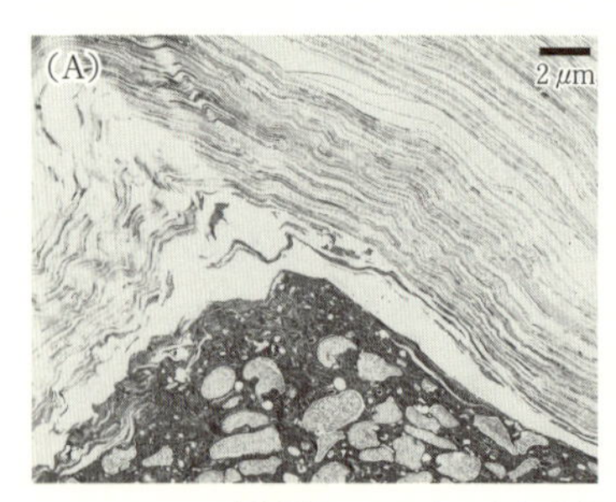

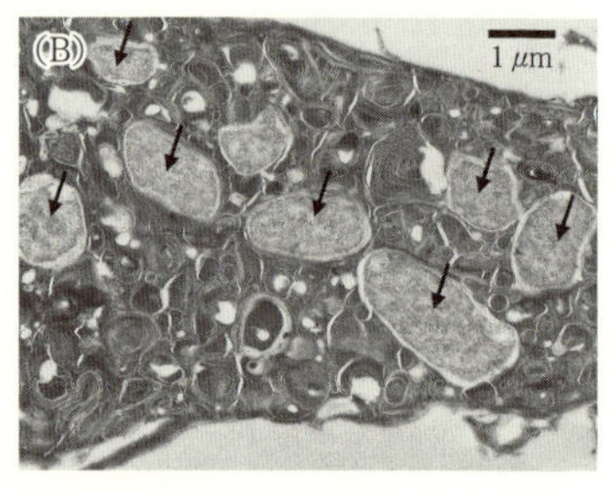

図 2.11　マルカメムシのカプセル切片の電子顕微鏡写真

A. 外殻（写真上側の層状部分）と内容物（写真下側の黒っぽく見える部分）．B. 内容物の拡大．矢印で示した部分が共生細菌であり，濃い黒色の部分はメスの中腸で分泌された物質．

も培養することができない．ところが，共生細菌はカプセルの中ならばカメムシの体外でも生存できているので，カプセル内のタンパク質に何か秘密があるのかもしれない．たとえば，カプセル内のタンパク質が共生細菌の栄養になっていたり，紫外線や他の微生物から共生細菌を守っていたりする可能性が考えられる．また，カプセル内のタンパク質がカメムシの幼虫の栄養源となっている可能性もある．これらは今後の研究で取り組まれるべきテーマである．

Box 2 カメムシ類における共生細菌の研究の歴史

この章の本編中にも書いたが，ヨーロッパに生息するマルカメムシ類の一種 *C. scutellatum* が腸内に共生細菌を保持し，カプセルによって共生細菌を垂直伝播していること，また，実験的にカプセルを吸わせなかった幼虫は成長が著しく遅れることは，20 世紀の中盤にすでに報告されていた（Schneider, 1940; Müller, 1956）．実はこの頃がカメムシ類の腸内共生細菌の研究の黎明期といえる時代であり，他にもいくつかの論文が発表されている．20 世紀の中盤はまだ PCR や DNA シークエンスといった分子生物学の実験技術は登場しておらず，顕微鏡による細菌の観察，および宿主昆虫の行動観察と飼育実験だけで解明できることは限られていた．しかしこの時代の論文には驚くほど細やかに現象が記載されており，新たな実験技術を手にした私たちにとって貴重かつ魅力的な情報を提供してくれている．私たちがマルカメムシ類の共生細菌の研究を始めたのは，共同研究者の深津武馬さんが Schneider の論文内にある *C. scutellatum* の幼虫がカプセルを吸っているイラストを見たことがきっかけである（Fukatsu & Hosokawa, 2008; 細川，2012）．また，第 4 章と第 7 章で改めて書くが，これらの章で紹介する私たちの研究も，やはり黎明期の発見がヒントになって始められたものである．自分の発見が次の時代の人たちに同じように受け取ってもらえたならば，研究者として幸せなことだと思う．

Box 3　アメリカに侵入したマルカメムシの起源

マルカメムシとタイワンマルカメムシは，日本を含む東アジアと東南アジア，そしてオセアニアの一部の地域のみに分布するカメムシであった．ところが，2009 年にアメリカのジョージア州北東部の地域に生息しているのが発見され，その後北アメリカ大陸で急激に分布を広げており，現在ではジョージア州を中心とした 13 以上の州に生息していることが確認されている（最新の分布を閲覧できるサイトがある：http://www.kudzubug.org/distribution-map/）．また，これらの地域では個体密度も非常に高くなっており，ダイズを加害する農業害虫として，また家屋に侵入する不快害虫として大きな問題になっている．おそらくは貨物などに紛れ込んだ個体がアメリカ国内に運ばれて増殖したものと考えられているが，侵入個体がどこからやってきたのかは謎とされていた（Ruberson *et al.*, 2013）．

アメリカの研究チームによって，現在アメリカに生息するマルカメムシ 250 個体以上のミトコンドリアの DNA 塩基配列が調べられたが，遺伝的変異は一切見られなかった（Ruberson *et al.*, 2013）．このことから，アメリカへの侵入は過去に 1 回きりであり，また侵入した個体はかなり少なかったことが予想される（ひょっとしたら 1 頭のメスだけだったかもしれない）．私と共同研究者たちはマルカメムシの共生細菌の地域変異を調べたことがあったので，日本各地および周辺諸国のマルカメムシとタイワンマルカメムシのサンプルをもっていた．そこで，それらのサンプルのミトコンドリアの DNA 塩基配列を調べてアメリカ侵入集団のデータと比較したところ，アメリカで増殖している集団は日本の九州地区に生息する集団と非常に近縁であることが明らかとなった．したがって，アメリカに侵入した個体は日本の九州地区に由来する可能性がかなり高いと考えらえる（Hosokawa *et al.*, 2014）．現在アメリカではマルカメムシの防除方法がさまざま検討されているが，効率のよい防除方法の確立には日本の九州地区の集団で調べられてきた生態や生理，天敵などの情報が有用となるかもしれない．

3

クヌギカメムシの共生細菌とゼリー

3.1 卵を覆うゼリーと冬に生まれるカメムシ

前章ではマルカメムシ類の共生細菌について紹介したが，マルカメムシ類は30科ほどに分けられているカメムシ類のうちの一つの科でしかない．実は，カプセルを使った共生細菌の垂直伝播は現在のところマルカメムシ類でしか見つかっておらず，他の科のカメムシではマルカメムシ類とは異なるやり方で共生細菌を垂直伝播している．その多様性もまた私を魅了してやまないのであるが，この章では二番手としてクヌギカメムシ科のカメムシに登場してもらい，マルカメムシ類とは少し違った方法での共生細菌の垂直伝播について紹介したい．

クヌギカメムシ類は，南アジアと東アジアの周辺地域にのみに生息する80種ほどの小さいグループであり，植物の汁を主な栄養源にしていると考えられている（Schuh & Slater, 1995）．日本には2属5種が記載されているが（石川ら，2012），どの種も基本的に高木の樹上で生活していることが多いので，偶然に見かけることはあまりないカメムシである．しかしクヌギカメムシ属（*Urostylis*）に含まれるクヌギカメムシ，ヘラクヌギカメムシ，サジクヌギカメムシの3種は，必ず地上1〜2mくらいの高さの樹幹に産卵するという習性があるため（小林・立川，2004），産卵シーズンにクヌギやコナラ，ミズナラなどの林を歩けば，産卵のために低いところまで降りてきたメスと，交尾するためにメスを追いかけてきたオスの姿を観察することができる．この時期ならば多くの個体を採集することも容易になるので，私たち研究者にとっては大変ありがたい習性なのだが，なぜわざわざ低いところまで降りてきて産卵するのか（しかも飛ぶのではなく，樹幹を歩いて登り降りする！）の生態的意義については今のところまったく謎である．

それはさておき，産卵のために降りてきたメスを一目見ると，異常ともいえるくらいに膨らんだ腹部に目を引かれる（**図3.1**A）．産卵直前の昆虫のメスは多数の卵を成熟させているので，非繁殖期に比べて腹部が膨れるのは普通のことなのだが，その中でもクヌギカメムシ類のメスは極端に腹部が膨れる部類であろう．メスは重たい腹部をずりずりと引きずるようにして樹幹を歩き，樹皮の裂け目やめくれ上がった樹皮の裏側で産卵を始める．産卵された卵塊を見ると，これまた目を引くものであり，おそらくはカメムシ類の卵塊の中では見た目が最も奇妙なものではないだろうか．確かに卵塊ではあるのだが，卵は外部から見えないのである．図3.1Bはクヌギカメムシの卵塊である．表面に見える粒々は実は卵ではなく，やや粘性のあるゼリー状の物質である（以下ではこれをゼリーと呼ぶ）．では卵はどこにあるのかというと，このゼリーにほぼ完全に覆い隠されていてほとんど見えないのである．個々の卵からは3本の毛のようなものが伸びていて，その先端はゼリーの外側に露出してお

図 3.1　クヌギカメムシの成虫と卵塊

A. クヌギの樹皮の裂け目に産卵を始めたメス．腹部が大きく膨れて左右両側に迫り出している（矢印）．B. クヌギの幹の割れ目に産卵された卵塊．→ 口絵 2

り，これはゼリーに覆われた卵が呼吸するための“シュノーケル”の役割を担っているのではないかと考えられている．ゼリーはメスが産卵時に卵と一緒に産みつけたものであり，ゼリーの体積は卵よりもやや大きく，重量は卵の 5 倍以上である．産卵前のメスの腹部の中には卵だけでなくゼリーもたっぷり入っているので，異常に膨れ上がった姿をしていたのである．

クヌギカメムシ類にはまだまだ奇妙な特徴がある．まず，上述のクヌギカメムシ属 3 種では，産卵が 11～12 月におこなわれる．この時期は他のカメムシ類の多くはすでに越冬のための休眠に入っており，そんな寒さの中で樹幹をてくてくと歩き，交尾や産卵をしているクヌギカメムシ類の姿は異様としか表現できない．さらに奇妙なのは，卵から幼虫が生まれる時期である．卵の状態で厳しい真冬をやり過ごし，暖かな春になってから幼虫が生まれるのであれば特に不思議はないのだが，これらのカメムシの幼虫は，2 月というまだまだ寒い時期に生まれるのである（小林・立川，2004）．寒さには耐えられたとしても，問題は餌である．クヌギやコナラ，ミズナラなどの葉が芽吹くのは早くても3月下旬頃であり，それまでは餌が一切ない状態で暮らさねばならない．いったいどのようにしてこの時期を乗り越えているのだろうか？

ここで活躍するのが，卵と一緒に産みつけられたゼリーなのである．産卵されてから2ヶ月以上経った卵塊上のゼリーは，ホコリなどが付着していて少々汚らしく見えるのだが，乾燥することなく水分を保っている．卵から生まれた幼虫はゼリーの層を突き破ってゼリー上に出現し，すぐに口吻をゼリーに差し込んで吸い始める（**図3.2**）．ゼリーはとにかくその量が多いので簡単に吸い尽くされてしまうことはなく，幼虫は1ヶ月間ほどゼリーを吸い続けることができる．そしてゼリーが完全になくなる頃には3齢まで成長しており[1)]，その後幼虫は樹上に登って，芽吹き始めた新葉から寄主植物の汁を吸い始めるのである．3齢幼虫まで成長する間，幼虫はゼリーしか口にしないので，ゼリーには成長に必要な栄養分が含まれていそうである．しかし忘れてはいけないのが共生細菌である．クヌギカメムシ類も中腸後端に盲嚢をもち，その内部に腸内共生細菌が存在している．したがって，ゼリーはマルカメムシ類のカプセルと同じように共生細菌の垂直伝播に関与しており，共生細菌が幼虫の成長に必要な栄養分を合成しているかもしれない．次節以降ではクヌギカメムシ類における共生細菌の特徴とゼリーの役割についての研究成果（Kaiwa *et al.*, 2014; 貝和・細川，2011）を紹介する．

---

1) 昆虫の幼虫は栄養摂取と脱皮を繰り返して成長し，脱皮の回数に応じて齢が増加する．卵から生まれた幼虫は1齢幼虫であり，これが1回脱皮すると2齢幼虫になる，といった具合である．カメムシ類は不完全変態昆虫なので蛹期は存在せず，5齢幼虫の次に成虫になるのが一般的である（4齢幼虫の次に成虫になる種もわずかながら存在する）．

図 3.2　ゼリーを吸うヘラクヌギカメムシの 1 齢幼虫　→ 口絵 3

3.2 共生細菌の特徴と機能

ゼリーについてはひとまず置いておき，まずは共生細菌の系統解析とゲノム解析の結果を解説したい．日本産のクヌギカメムシ類 5 種の共生細菌について分子系統解析をおこなったところ，クヌギカメムシ類の共生細菌は単一の起源をもち，その分岐パターンは宿主カメムシのものと一致していた（**図 3.3**）．したがって，クヌギカメムシ類の共通祖先はすでに共生細菌を保持しており，それを垂直伝播しながら種分化することで，共生細菌と共種分化してきたと考えられる．クヌギカメムシの共生細菌について全ゲノムの塩基配列を解読すると，ゲノムサイズが約 71 万塩基で遺伝子数が 615 個という縮小ゲノムをもつことが明らかとなった．これはマルカメムシの共生細菌とほぼ同じ数字であり，クヌギカメムシの共生細菌もかなりの数の遺伝子を失ってきたことを意味している．そしてやはりマルカメムシの共生細菌と同様に，必須アミノ酸を合成する遺伝子の多くはゲノム中に維持されており，クヌギカメムシの共生細菌も必須アミノ酸を合成して宿主カメムシに供給していると考えられた．つまり，クヌギカメムシ類の共生細菌はマルカメムシ類の共生細菌

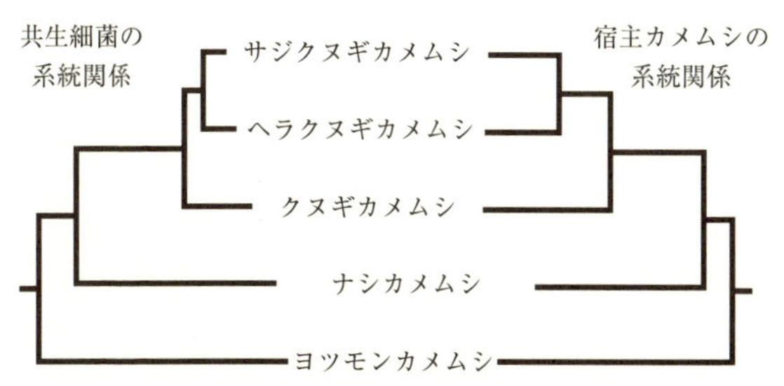

図3.3　クヌギカメムシ類５種の共生細菌の系統関係（左）と宿主カメムシの系統関係（右）

それぞれの系統関係は，細菌の 16S rRNA 遺伝子の塩基配列とミトコンドリアの 16S rRNA 遺伝子の塩基配列に基づく近隣結合系統樹から抜き出したもの．Kaiwa *et al.* (2014) による図を改編．

と非常によく似た特徴をもっているということだが，共生細菌の系統解析では，マルカメムシ類とクヌギカメムシ類の共生細菌は異なる起源をもつことが示された．したがって，クヌギカメムシ類の共生細菌にはマルカメムシ類の共生細菌（イシカワエラ）とは別の名をつけるべきなので，タチカワエア（*Tachikawaea*）と名づけることにした．これはカメムシ類の分類と生態の研究において多大な功績を挙げてこられた立川周二先生に献名したものである．

3.3　ゼリーに含まれているもの

さて，次はゼリーの役割について見ていこう．ゼリーの内部を顕微鏡で詳しく観察すると，細菌の塊が点々と入っていることがわかった．この細菌の遺伝子の塩基配列を調べると宿主カメムシの腸内の共生細菌のものと一致したので，メスはゼリーを生産する際にみずからのもつ共生細菌を混ぜ込んでいると考えられる．卵から生まれた幼虫は必ずゼリーを吸うので，共生細菌はゼリーを介して母親から子へ受け渡されていると考えて問題ないであろう．クヌギカメムシ類のゼリーは，マルカメムシ類のカプセルと同様に，共生細菌を母親から子に垂直伝播する役割を担っているのである．しかしゼリーの役割が共生細菌の垂直伝播だけならば，これほどにまで大量のゼリーを産生する必要はなさそうである．そこでゼリーに含まれる栄養成分について調べてみたところ，大量の各種アミノ酸がタンパク質の状態で含まれていたことから，ゼリーが幼虫にとっての栄養源になっていることも間違いない．さらに，卵塊を覆うゼリー全体に含まれる各アミノ酸の量を測定すると，その卵塊から生まれる幼虫全個体が３齢に成長するまでに必要な量にほぼ等しく，おそらく幼虫は３齢に育つまではゼリーに由来する栄養分だけで成長し，その後に共生細菌が合成する栄養分を利用するようになると思われる．クヌギカメムシ類のメスは，共生細菌を子に伝えるためだけでなく，餌資源の乏しい真冬に生まれる子を飢えさせないためにも，栄養豊富なゼリーを大量に生産して卵と一緒に産んでいるのである．

しかしゼリーの役割が，共生細菌の垂直伝播と幼虫への栄養供給の二つだけとは断定できない．ゼリーの中にはガラクタンと呼ばれる多糖類も大量に含まれており，ガラクタンの産生は動物では例外的であることを考えると，これがゼリーに何か特別な機能を付与しているように思える．卵が乾燥するのを防いでいる可能性も考えられるし，卵を捕食者やカビから守る機能もありそうである．これらの仮説は今のところ私が勝手に想像しているだけであり，今後の研究で検証していく必要がある．また，日本に生息するクヌギカメムシ類５種のうちクヌギカメムシ属３種は冬期に産卵するのだが，ナシカメムシ属（*Urochela*）の２種（ナシカメムシとヨツモンカメムシ）はともに夏～秋に産卵し，冬が訪れる前に卵から幼虫が生まれるため（小林・立川，2004），クヌギカメムシ属とはゼリーの役割が異なっているかもしれない．これについても今後の研究が待たれるところである．

3.4 ゼリーの進化的起源

最後に，クヌギカメムシ類の共生細菌の研究をしていて私が最も驚いた発見について紹介したい．第2章でマルカメムシ類のカプセル，本章ではクヌギカメムシ類のゼリーについて解説したが，ここまで読んだ読者の方々は，「ゼリーの進化的起源はカプセルと同じであり，カプセルが極端に発達したものがゼリーなのでは？」と思ったかもしれない．私も研究を始めた当初はそのように予想していた．しかし，研究の比較的初期の段階でこの仮説ははっきりと否定されてしまった．初めてクヌギカメムシのメス成虫を解剖したときのことである．産卵直前のメスのはち切れんばかりに膨れ上がった腹部を切開すると，中から溢れ出してきたのは卵巣小管[2)]であった．しかし，その姿はそれまでに見てきた他のカメムシの卵巣小管とは似ても似つかぬものであった．他のカメムシ類において産卵前のメスの卵巣小管を観察すると，先端から基部にかけて8〜9割くらいの部分に，さまざまな発達段階の卵が詰まっているのが普通である（**図3.4**A）．ところが，クヌギカメムシ類の卵巣小管は先端側の3割くらいまでしか卵が詰まっておらず，基部側の7割くらいにはゼリーが詰まっていたのである（図3.4B）．この構造から考えると，クヌギカメムシ類の卵巣の先端側3割は卵の成熟と貯蔵のための部位であり，基部側の7割はゼリーの生産と貯蔵のための部位であることが予想される．そしておそらくは，先端側で成熟した卵が

---

2) 通常，昆虫類の卵巣は左右1対あり，一つの卵巣は複数の卵巣小管からなる．それぞれの卵巣小管で卵が成熟し，成熟卵が貯蔵される．

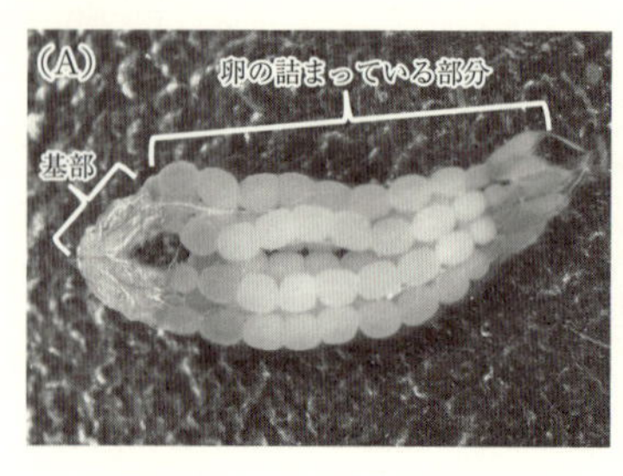

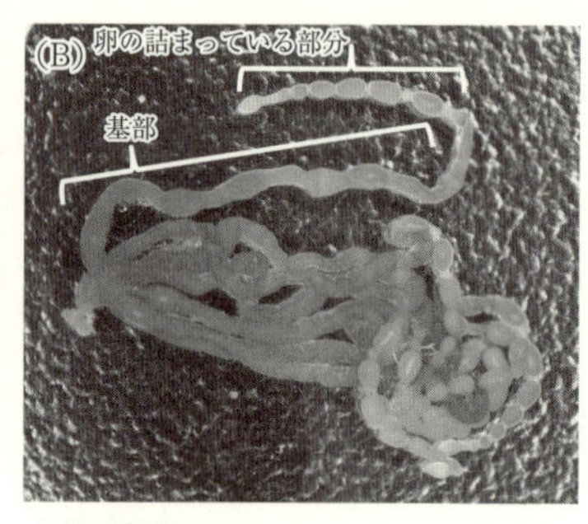

図 3.4　カメムシ類の卵巣

A. エサキモンキツノカメムシの卵巣. B. ヘラクヌギカメムシの卵巣. A, B どちらも左右 1 対ある卵巣の片側だけの写真であり, 7 本の卵巣小管で構成されている.

基部側に移動してきて, そこでゼリーと一緒になり, 体外に産み出されるのであろう.

第 2 章の最後に書いたように, マルカメムシ類のカプセルは中腸の最後端部で生産されるのだが, クヌギカメムシ類のゼリーは卵巣で生産されるのである. また, 産卵時のメスの行動を観察すると, マルカメムシ類のメスは卵を数個産んだ後にカプセルを一つ産み, その後にまた卵を数個産んでカプセルを一つ, といった具合で卵塊を形成していくのだが, クヌギカメムシ類では卵一つとゼリーの小塊を同時に産み出し, これを繰り返すことで卵塊を形成していた. これらのことから, カプセルとゼリーは完全に別物であり, 進化的起源が異なっていることは間違いないであろう. ゼリーの進化的起源については今のところ不明だが, 一つの仮説をここに書いておきたい. カメムシ科に属するミナミアオカメムシでは, 卵巣小管の基部で生産される物質が, 卵を植物の葉などの産卵基質にくっつける "糊" の役割を担っている (Bin *et al*., 1993). この糊が発達したものがゼリーではないかと考えており, 今後の研究でこの仮説を検証したいと思っている.

Box 4　恵まれた研究環境（1）

クヌギカメムシ類の共生細菌は過去にはまったく研究されていなかったのだが，クヌギカメムシ類の卵がゼリーに覆われていること，および卵から生まれた幼虫がゼリーを吸うことは古くから知られており，多くの図鑑に記されている．それを読んだ私や共同研究者たちは，そのいかにも怪しげなゼリーと共生細菌の関係についてぜひ調べてみたいとずっと考えていたのだが，このカメムシがどこに行けばたくさん採れるのかの情報をもっていなかったので長い間先送りになっていた．

私がカメムシ類の共生細菌を本格的に始めて 6 年目の 2008 年の春，当時私がポスドクとして所属していた独立行政法人（現在は国立研究開発法人）産業技術総合研究所の研究室に，東樹宏和さん（現・京都大学生態学研究センター）がポスドクとしてやってきた．彼はシギゾウムシ類の研究をしており，赴任して間もない 4 月から早速研究所の構内のクヌギやコナラの木でゾウムシの採集を始めていた．採集を終えて研究室に戻ってきた彼に成果を見せてもらうと，その中に見慣れないカメムシの幼虫が 1 頭入っていた．初めは，何だこれ？と思ったのだが，すぐに以前に図鑑で見たクヌギカメムシ類の幼虫と似ていることに気がつき，確認したところ間違いなかった．ひょっとして構内の木でも産卵がおこなわれているのだろうか？　そう考えた私はその年の 11 月，研究所構内のクヌギとコナラの木の幹を片っ端から見て回ったところ，クヌギカメムシとヘラクヌギカメムシの卵塊が結構な数で見つかり，初めて実物を見るゼリーに大変興奮した．意外なことに，クヌギカメムシ類はものすごく身近なところにたくさん生息していたのである．

上述の研究所は茨城県つくば市の比較的中心部に近いところにあるのだが，広い構内の一部には自然林が残っており，研究材料のカメムシを採集するのにとてもよい場所であった．クヌギカメムシ類の他にも，エサキモンキツノカメムシ，ベニモンツノカメムシ，アカスジキンカメムシなど，それまではちょっとした山に行かないと採れないと思っていたカメムシが構内で普通に採れてしまうことを知ったときは驚いたものである．また，夜間の電灯にはチャバネアオカメムシ，クサギカメムシ，ツヤアオカメムシなどがわんさか集まっていて一網打尽で採集できることがあったし，ときにはその中にイネカメムシやエゾツノカメムシといったやや珍しいカメムシが混ざっていることもあったので，日々の研究活動が終わった後，帰宅する前に構内の電灯を見て回るのはちょっとした楽しみであった．この環境がいろんなカメムシの研究を始めるきっかけを与えてくれたのは間違いなく，非常にラッキーだったと思う．なお，夏にはカブトムシもよく採れたのだが，無給研究員だったときに趣味として飼育を始め，調子に乗って殖やしすぎてしまい，飼育容器や昆虫マットに結構な金額を費やして自分の生活を苦しくしてしまったのも今となってはよい思い出である．思えばあの頃は研究でも趣味でも虫の飼育をしていたなぁ…….

4

ベニツチカメムシの共生細菌と母親による子の世話

4.1　母親が子を守り，育てるカメムシ

ここで主役はベニツチカメムシへと代わってもらおう．このカメムシはベニツチカメムシ科[1]に属するカメムシであり，さまざまな点で非常に珍しい特徴をもつことから，多くの生態学的・生理学的・分類学的研究がおこなわれている．とりわけ注目を集めて研究されてきた特徴は，母親による子の世話である．ベニツチカメムシのメスは，交尾を終えると地中に巣を作って百数十個の卵を球状の卵塊にして産む．産卵を終えた母カメムシは，卵塊を抱えて外敵から守り（**図 4.1**），卵から幼虫が生まれるまでの 15〜20 日間この保護行動を続ける．さらに卵から幼虫が生まれると，それを保護するだけでなく，餌を与えて育てるのである．餌はボロボロノキと

---

[1] ベニツチカメムシ科は Sweet & Shaefer (2002) によって独立した科として提案されているが，ツチカメムシ科の中のベニツチカメムシ亜科として扱っている文献も多い．

図 4.1　卵塊を抱えて保護しているベニツチカメムシのメス
写真提供：弘中満太郎博士．→ 口絵 4

いう植物の実なのだが，母カメムシは巣の外に出て林床に落ちている実を探し，実を見つけるとそれを巣に持ち帰って子に与える．この母親による子育ては子が 3〜4 齢に育つまで続き，やがて母親が力尽きて死亡すると，子は独立して自分で餌を採るようになる (Filippi-Tsukamoto *et al*., 1995; 小林・立川，2004)．ベニツチカメムシはおそらくは最も子煩悩なカメムシだと思うが，カメムシ類の中には他にもいくつかのグループで母親による子の世話が見られる．この章ではそのようなカメムシにおける共生細菌の垂直伝播の方法について，ベニツチカメムシを中心に紹介していきたい．

母親による子の世話が見られるカメムシでの共生細菌の垂直伝播方法について，私は一つの仮説を立て，それを検証するために研究を始めた．第 2 章で強調して解説したように，カメムシ類における共生細菌の垂直伝播の特徴は，母親が子（卵）と共生細菌を別々に体外に出し，共生細菌の垂直伝播が母親の体外で起こることである（図 2.5 を参照）．ここで注目したいのは，カメムシの母親が共生細菌を体外に出すタイミングである．前章までに紹介したマルカメムシ類やクヌギカメムシ類では母親による子の世話が一切見られず，母親は卵を産んだらすぐにその場を立ち去って，その後に子と再会することはまずない．したがって，このようなカメムシの母親が子に共生細菌を伝えるためには，カプセルに入れるにせよゼリーに混ぜるにせよ，とにかく卵を産む際に共生細菌を体外に出してその場に残していくしかない．ところが母親が子の世話をするカメムシでは状況が異なっている．母親は産卵の後も子と一緒に暮らすことになるので，産卵の際に共生細菌を体外に出す必要はなく，もっと後の段階で出しても子に伝えることができる．共生細菌にとって宿主昆虫の体外とは，紫外線，乾燥，捕食者など身を脅かす危険でいっぱいな環境である．子の世話をするカメムシは共生細菌を体外に出すタイミングを遅らせることで，共生細菌を外界に曝す時間をなるべく短くしているかもしれない．50 年以上も前に発表された論文の中で，興味深い現象が報告されている．ツチカメムシ科のツチカメムシ亜科に属するカメムシでヨーロッパに生息する *Cydnus atterimus*（和名はつけられていない）では，母親は地中で卵を産んでこれを保護し，卵から幼虫が生まれると肛門から分泌物を出して子に摂取させる．若齢の子を母親から隔離して分泌物を摂取させないとその後生存できなくなることから，この分泌物の中には共生細菌が含まれており，分泌物を介して共生細菌が垂直伝播されていると考えられている（Schorr, 1957）．母親による子の世話が見られるカメムシでは一般的にこれと同じようなことが起こっていて，母親が共生細菌を体外に出すタイミングを遅らせているのではないだろうか？　これが私の考えていた仮説である．

4.2 いつ共生細菌を出すのか？

まずはベニツチカメムシの共生細菌の垂直伝播方法を調べた一連の実験を紹介しよう．上述の仮説が正しいのであれば，産卵された直後の卵塊には共生細菌は存在していないはずなので，まずはそれを確かめることにした．実体顕微鏡で観察する限り，ベニツチカメムシの卵塊にはマルカメムシ類のカプセルやクヌギカメムシ類のゼリーのようなものは見えず，ただ卵だけの塊なのだが，細菌は実体顕微鏡で見える大きさではないので，共生細菌が存在していないことを確かめるにはさらに詳しく調べる必要がある．そこで卵塊からDNA を抽出し，ベニツチカメムシの共生細菌の遺伝子断片を特異的に増幅する PCR をおこなうことによって共生細菌の有無を調べることにした．結果は期待どおりであり，PCR の増幅はまったく認められなかった．つまり，メスは産卵時には共生細菌を出していないのである．

産卵を終えたベニツチカメムシの母親は卵から幼虫が生まれるまでの 15〜20 日間，卵塊を抱えて外敵から守りながら過ごすのだが，この途中で共生細菌を体外に出して卵塊につけているかもしれない．そこで次に，翌日には幼虫が生まれると予想される卵塊について同様に DNA の抽出と PCR をおこなったが，やはり増幅はまったく認められなかった．母親は幼虫が生まれる 1 日前になってもまだ共生細菌を出していないのである．共生細菌を体外に出すのは幼虫が卵から生まれた後なのだろうか？　そこで次は，卵から生まれて 1 日以内の幼虫について体内に共生細菌が存在しているかどうかを調べてみたのだが，驚いたことに，今度はほとんどすべての幼虫について PCR の増幅が見られた．幼虫が卵から生まれる 1 日前には確かに共生細菌は出されていなかったのに，生まれて 1 日後の幼虫にはすでに共生細菌が伝えられていたのである．幼虫が卵から生まれる直前，あるいは直後に何かが起こっているのは間違いない．

その“何か”が起こっている現場を押さえるために，次は卵から幼虫が生まれる直前直後の母親と卵塊の様子を観察することにした

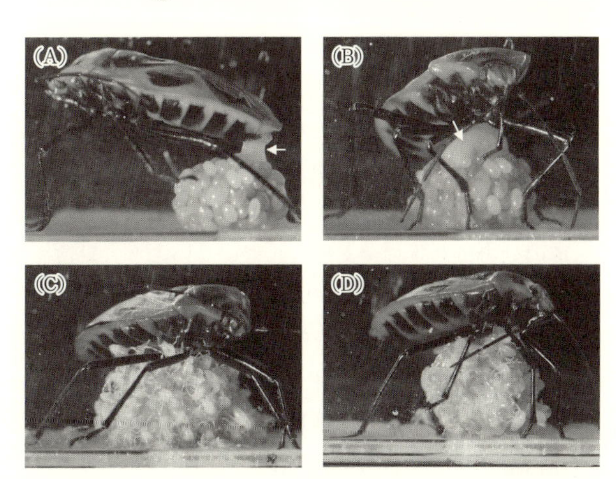

図 4.2　ベニツチカメムシの幼虫が生まれる直前直後の行動

A. 肛門から白い粘液を出して卵塊に載せるメス．矢印は粘液を指している．B. 粘液を出し終えて卵塊を抱え直したメス．矢印は粘液を指している．C. 卵から一斉に生まれる幼虫．D. 白い粘液を摂取する幼虫．写真提供：向井裕美博士．→ 口絵 5

のだが，ここで期待を大きく上回る劇的な行動が観察されたのである．卵塊を保護しているとき，母親は長い口吻を卵の隙間に差し込んで，卵塊を胸部の下側にしっかりと固定している（図 4.1）．ところが卵から幼虫が生まれる 45 分ほど前になると，突然口吻を引き抜いて卵塊を地面に置き，体を反転させて肛門から白色の粘液を出し，卵塊の上に載せ始めたのである（**図 4.2**A）．40 分ほどかけて大量の粘液を出した後，母親はまた卵の隙間に口吻を差し込んで卵塊を保護する姿勢に戻った（図 4.2B）．そしてその数分後，卵から幼虫が一斉に生まれ，幼虫はすぐに白い粘液を口吻で摂取し始めたのである（図 4.2C, D）．この観察は共同研究者の弘中満太郎さん（石川県立大学）が中心になって進めてくれたのだが，そのときまでにベニツチカメムシを 10 年間近く研究していた弘中さんもこの行動を見るのは初めてとのことで大変驚いており，そしてこの誰も見たことがなかった現象を発見した私たちは興奮し，そして大きな満足感に浸ることができた．

この一連の行動を観察した時点でほぼ確信を得ていたのだが，その後に詰めの実験をおこない，メスの肛門から出される白色の粘液はメスの中腸で生産されており共生細菌を含んでいること，粘液を摂取する前の幼虫は共生細菌を保持していないこと，粘液を摂取した後の幼虫は共生細菌を保持していることを確かめた．これらの結果から，ベニツチカメムシの母親は卵から幼虫が生まれる直前に共生細菌を含む粘液を肛門から出し，卵から生まれた幼虫が粘液を摂取することで共生細菌を垂直伝播していることが明らかになったのである（Hosokawa *et al.*, 2012a; 弘中ら，2011）．

しかし，この垂直伝播のメカニズムについては一つの疑問が残された．卵塊を保護している母親を何個体観察しても必ず幼虫が生まれる 45 分くらい前から粘液を出し始め，それが完了すると数分以内に幼虫が一斉に卵から出てくるのである．母親が粘液を出し損ねて先に幼虫が生まれることはなかったし，母親が粘液を出したのに幼虫がなかなか生まれてこないということもなかった．つまり，母親は自分の抱えている卵塊からいつ幼虫が生まれてくるのかをかなり正確に知ることができているようなのであるが，いったいどのようにして知っているのだろうか？　卵の中で幼虫が成熟してくると卵から何かしらのシグナルが出て，それを母親が感じとって粘液を出し始めるのかもしれない．振動シグナルや化学シグナルが関与していそうだが，今後の研究で詳しく調べる必要がある．また，子から母親へのシグナルだけでなく母親から子へのシグナルも関与しており，これについては弘中さんの後輩の向井裕美さん（森林総合研究所）がその後の研究で突きとめてくれた．母親は粘液を出し終えて卵塊を抱え直すと，体を震わせるようにして卵塊を揺すり，その振動シグナルで幼虫に卵から出てくるように促しているのである（Mukai *et al.*, 2014）．ベニツチカメムシの共生細菌がうまく垂直伝播されるためには，母子間の相互のコミュニケーションが必要なのだ．

4.3 共生細菌の機能と特徴

ベニツチカメムシの共生細菌については機能と特徴についても若干の知見が得られているので紹介しておきたい．このカメムシは繁殖期に入る前は餌を食べずに休眠しているのだが，抗生物質を飲ませて共生細菌を実験的に取り除いた個体は休眠中にすべて死亡してしまう．また共生細菌を取り除くとカメムシの腸内における尿酸酸化酵素の活性が下がることから，休眠時に尿酸をアミノ酸へリサイクルする過程で共生細菌が重要な役割を担っているのではないかと考えられている（Kashima *et al.*, 2006）．さらに，共生細菌を取り除いた幼虫を飼育すると成虫になったときの体の大きさが小さくなることから，共生細菌が成長に必要な栄養分を合成している可能性も考えられる（Hosokawa *et al.*, 2012a）．これらについては，今後の研究で共生細菌の全ゲノム解析をおこなうことで確かめられるであろう．

ベニツチカメムシ科は1属2種からなる非常に小さいグループであり，もう一種の *Parastrachia nagaensis*（和名はつけられていない）は中国西部やラオスのみに生息する非常に個体数が少ない種であるため共生細菌の研究例はない．したがって，ベニツチカメムシ科において宿主カメムシと共生細菌が共種分化しているかどうかはわからないのだが，ベニツチカメムシの共生細菌のゲノムサイズは約85万塩基と推定されており，ゲノムの縮小は生じている（Hosokawa *et al.*, 2010a）．また，共生細菌の分子系統を解析すると，マルカメムシ類の共生細菌イシカワエラともクヌギカメムシ類の共生細菌タチカワエアとも起源が異なることから，ベニツチフィルス（*Benitsuchiphilus*）という固有の名をつけている．なお，この共生細菌の学名については属名に宿主カメムシの和名を冠したが，種小名はトウジョウイ（*tojoi*）としてベニツチカメムシの生態と生理の研究に長年貢献されてきた故・藤條純夫先生に献名した（Hosokawa *et al*., 2010a）．

4.4 子の世話をする他のカメムシ

ベニツチカメムシではばっちり予想どおりの結果が得られたわけだが，子の世話をする他のカメムシではどうだろうか？　母親による子の世話はベニツチカメムシの他に一部のツチカメムシ類，一部のツノカメムシ類，一部のキンカメムシ類などで知られており（Costa, 2006），そしてこれらのカメムシもほとんどの種が中腸の盲囊内に共生細菌を保持しているようである（Kikuchi *et al*., 2009; Hosokawa *et al*., 2012b; Kaiwa *et al*., 2010, 2011; 工藤・菊池，2011）．カメムシの生態にある程度通じている読者ならば，前節までのベニツチカメムシの話を聞くと真っ先に気になるのはホシツチカメムシ類であろう．ホシツチカメムシ類というのは，ツチカメムシ科の中のホシツチカメムシ亜科に属するカメムシである（この章の第1節で紹介した *C. atterimus* もツチカメムシ科であるが，こちらはツチカメムシ亜科という別の亜科に属している）．ホシツチカメムシ類の体色は黒を基調とし，体長は大きいものでも1 cm弱ほどであり，赤を基調とした体色で体長が2 cm近くあるベニツチカメムシとはずいぶん違った印象を受けるカメムシである．しかし非常に興味深いことに，ホシツチカメムシ類においてもメスが営巣して球状の卵塊を保護し，幼虫に給餌をおこなうという，ベニ

図 4.3　卵塊を保護するミツボシツチカメムシのメス
写真提供：向井裕美博士，弘中満太郎博士.

ツチカメムシとそっくりな子の世話が見られるのである（**図 4.3**）（Nakahira, 1994 など）．おそらくこれらのカメムシでも卵から幼虫が生まれる直前に母親が共生細菌を排出するのだろう，そう予想して，ホシツチカメムシ類であるミツボシツチカメムシ，フタボシツチカメムシ，シロヘリツチカメムシの 3 種について共生細菌の垂直伝播方法を調べたところ，3 種の間で垂直伝播方法は共通していたが，それは意外にもベニツチカメムシのものとはまったく異なるものであった．ホシツチカメムシ類の産卵直後の卵塊を PCR・蛍光顕微鏡・電子顕微鏡で調べると，いずれの手法においても卵の表面には共生細菌がすでに付着しているという結果になり，また幼虫が卵から生まれる直前直後に母親が粘液を排出するという行動は観察されなかった（Baba *et al*., 2011; Hosokawa *et al*., 2013）．卵から出てきたばかりの幼虫が，卵殻の表面から共生細菌を取り込んでいることも確認された．つまりホシツチカメムシ類では，母親が産卵するとき，より厳密には個々の卵がメスの産卵口から産み出されるときに共生細菌が卵表面に塗りつけられ，卵から生まれた幼虫がこれを取り込むことで共生細菌の垂直伝播が成立しているのだ．ベニツチカメムシとホシツチカメムシ類は，母親による子の世話についてはそっくりなのに，共生細菌の垂直伝播の方法はまったく異なっているのである．

ここで少し話を整理したい．私は *C. atterimus* における共生細菌の垂直伝播方法を文献で知り，母親が子の世話をするカメムシでは一般的に共生細菌を体外に出すタイミングを遅らせているのではないだろうかと予想した．そこでベニツチカメムシにおける共生細菌の垂直伝播メカニズムを調べると予想どおりだったのだが，ホシツチカメムシ類では予想に反することが起こっていた．つまり，母親が子の世話をするカメムシでは共生細菌を体外に出すタイミングを遅らせているものもいれば，そうでないものもいるということである．では，なぜ *C. atterimus* とベニツチカメムシだけが共生細菌を体外に出すタイミングを遅らせているのだろうか？　この問いに対しては今のところはっきりとした回答は得られていないが，一つ考えられるのは，営巣場所の環境の違いである．*C. atterimus* とベニツチカメムシは地中に営巣するが，ホシツチカメムシ類は植物の根際や石の下など地上部分に営巣しているようだ．地中には細菌の捕食者である線虫やアメーバなどの微生物が多数存在していることが考えられるため，産卵するときに共生細菌を体外に出してしまうと幼虫が生まれる前に共生細菌が捕食されてしまうのかもしれない．他の可能性も含めて今後の研究で調べるべき問題である．

ツノカメムシ科も，母親が卵塊を守ることで有名なカメムシである（一文字違いなのでややこしいが，上述のツチカメムシ科とここでのツノカメムシ科は異なるグループである）．ただし，ツノカメムシ類は寄主植物の葉の表面に平面的に卵塊を産みつけ，母親がそれに覆い被さるようにして卵塊を守るので（**図 4.4**A），*C. atterimus* やベニツチカメムシ，ホシツチカメムシ類とはかなり様

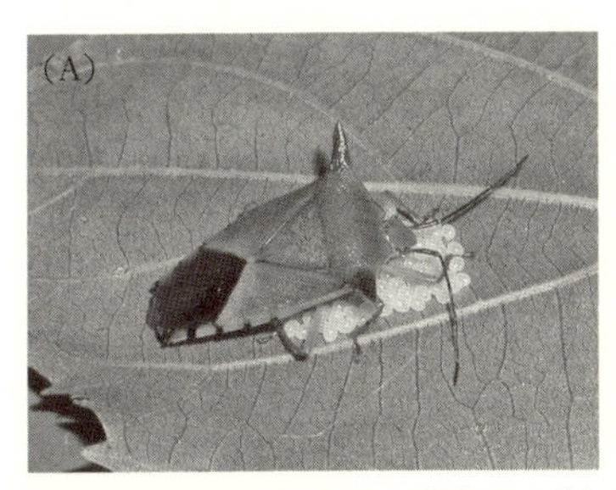

図 4.4　葉の表面に産みつけた卵塊および生まれた幼虫を保護するカメムシの母親
A. オオツノカメムシ（ツノカメムシ科）. B. アカギカメムシ（キンカメムシ科）.
→ 口絵 6

相が異なっている．幼虫が生まれた後も保護が続く種もいるが，母親による給餌行動は一切見られない．そしてこのツノカメムシ類の共生細菌の垂直伝播方法はというと，ホシツチカメムシ類と同様で，母親は産卵するときに卵の表面に共生細菌を塗りつけている（Kikuchi *et al.*, 2009; 工藤・菊池，2011）．また，キンカメムシ科のアカギカメムシにおいても，ツノカメムシ類と似たような母親による卵保護が見られるが（図 4.4B），共生細菌の垂直伝播はやはり産卵時の卵表面塗布によっておこなわれている（Kaiwa *et al.*, 2010）．野外でアカギカメムシの母親による卵の保護を観察していると，幼虫が卵から生まれる前に母親が力尽きて死亡してしまっているケースが少なくないようだ．母親が子の世話をするカメムシでも，母親の死亡率が高い場合では産卵時に共生細菌を出しておいたほうが，むしろ確実に子に共生細菌を伝えることができるのかもしれない．母親が共生細菌を体外に出すタイミングについては，単に子の世話をするかしないかだけでなく，他にも多くの要因が関与しているようである．

Box 5　恵まれた研究環境（2）

私は大学院で博士の学位をとった直後から約 10 年間，Box 4 でも紹介した産業技術総合研究所でポスドク等の身分としてお世話になった．Box 4 では研究所構内の自然環境が恵まれていたことについて書いたが，研究室内の環境もまた大変恵まれたものであった．まず，研究室のボスである深津武馬さんはいわゆる放任主義者であり，研究テーマについては「何でも好きにやって」といわれて，ほとんど自由にやらせてもらっていた．そして研究室の予算が潤沢であり，昆虫飼育のためのインキュベーターや分子実験用の高額試薬はほとんど制限なく使わせてもらえていたし，遠方への野外採集も自由に行かせてもらえていた．そのおかげで，当初の研究テーマであったマルカメムシ類の共生細菌の研究を進めながら勝手に他のカメムシの研究も始め，さらにはカメムシ以外の昆虫にまでどんどんと手を広げていけたのだが，その中には相当な時間とお金を費やしたにもかかわらず大した成果を挙げることができなかった研究テーマも少なからずある．ポスドクという身分でありながらこんなことが許される研究室はそうはないだろう．また，深津さんは研究テーマについては放任であったが研究のクオリティについての要求は大変厳しく，進捗報告の場で実験計画の落ち度などが露呈すると歯に衣着せぬ叱責を浴びせられたものである．私にとってはそういった緊張感の中で研究できたのも自分の能力を伸ばすうえでよい環境だったと感じている．

ところで当時深津さんが叱責の中でよく使っていたフレーズで印象に残っているものの一つが「自分の研究対象の生物については世界一詳しくあるべき」というものである．扱ったことのない昆虫を対象にして新しい研究テーマを始めるとき，いわゆる論文と呼ばれる文献だけでなく，図鑑，本，さらにはインターネットも駆使して徹底的に情報を集め，その昆虫に詳しい人がいるとわかれば積極的にコンタクトをとるといった姿勢は深津さんみずからが実践しており，それを見て学んだところは非常に大きい．現在私は大学教員となっているわけだが，このことは学生に伝えていきたいことの一つとなっている．

チャバネアオカメムシの共生細菌と置換

5.1 共種分化が起きていないカメムシ

第2章と第3章では，それぞれマルカメムシ科とクヌギカメムシ科の共生細菌が単一起源をもち，宿主カメムシと共種分化していることを解説した（図 2.8, 図 3.3 参照）．第4章で紹介したベニツチカメムシ科は種数が少ないので解析できていないが，第4章の最後に登場したツノカメムシ科でも共生細菌は単一起源をもち，宿主カメムシと共種分化していることがわかっている（Kikuchi *et al*., 2009）．では，カメムシ類のすべての科において共生細菌との共種分化が見られるのだろうか？　共生細菌が垂直伝播されているのであれば，共生細菌の単一起源および宿主カメムシとの共種分化が起きていると予想するのが普通かもしれないが（当初は私もそのように予想していた），実は意外かつ興味深いことにそうはなっておらず，共生細菌が垂直伝播されているにもかかわらず共生細菌の単一起源や共種分化が見られない科も存在しているのである．本章では

図 5.1　カメムシ科に属するカメムシ

A. ミナミアオカメムシ．B. アカスジカメムシ．C. ヒメナガメ．D. トゲカメムシ．
→ 口絵 7

そのようなカメムシで何が起きてきたのかについて解説したい．

カメムシ類の中にはカメムシ科と呼ばれるグループがある．その名のとおりカメムシ類を代表する科であり，4,000 種以上が報告されている非常に大きなグループで，日本国内でも 55 属 85 種ほどが確認されている（Schuh & Slater, 1995；石川ら，2012）．この科に含まれるカメムシ（**図 5.1**）も大部分の種が中腸の盲嚢内に共生細菌を保持しており，母親が産卵する際に卵の表面に共生細菌を塗りつけ，幼虫がこれを摂取するという方法で共生細菌が垂直伝播されることが知られている（Tada *et al*., 2011; Kikuchi *et al*., 2012b; Hayashi *et al*., 2015; Itoh *et al*., 2017 など）．ところがこのグループの共生細菌について分子系統解析をおこなうと，共生細菌は単一起源ではなく，複数の独立した起源に由来していることが見てとれる（**図 5.2**）．そして当然，共生細菌の系統関係は宿主カ

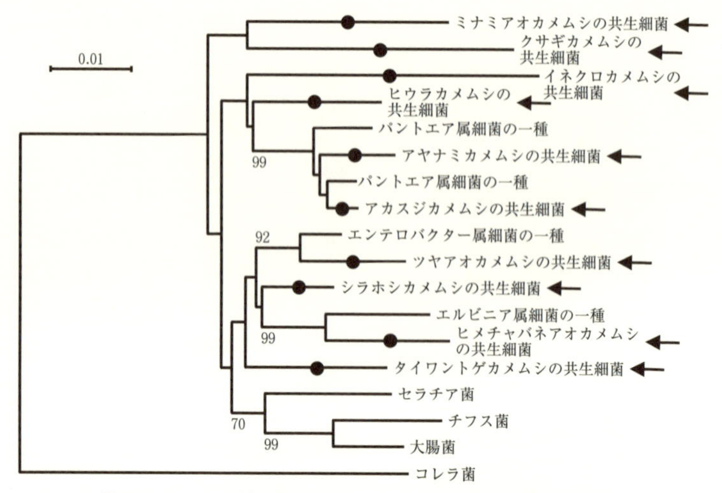

図 5.2　カメムシ科に属するカメムシ 10 種の共生細菌の系統関係
細菌の 16S rRNA 遺伝子の塩基配列に基づき近隣結合法で推定された系統樹．数値はブートストラップ値（70 以上のもののみ）．矢印がカメムシの共生細菌を指しており，その他はすべて環境中に生息する細菌．カメムシの共生細菌は共通の起源をもたず，それぞれ独立した起源（黒丸）をもつ．

メムシの系統関係と一致することはない，つまり共種分化は起きていないのだ．では何が起きてきたのか？　この共生細菌の複数起源は，垂直伝播されている共生細菌が進化の過程のある時点においてまったく別の細菌に置き換わる“共生細菌の置換”（symbiont replacement）という現象によって説明されている．**図 5.3** に模式図で示したように，カメムシ科の共通祖先は共生細菌を獲得して次世代へと垂直伝播してきたが，その後の進化の過程において共生細菌の置換が頻繁に生じた結果，現在見られる共生細菌は複数の独立した起源に由来すると考えられている（Prado & Almeida, 2009; Bistolas *et al.*, 2014; Duron & Noël, 2016; Hosokawa *et al.*, 2016b）．

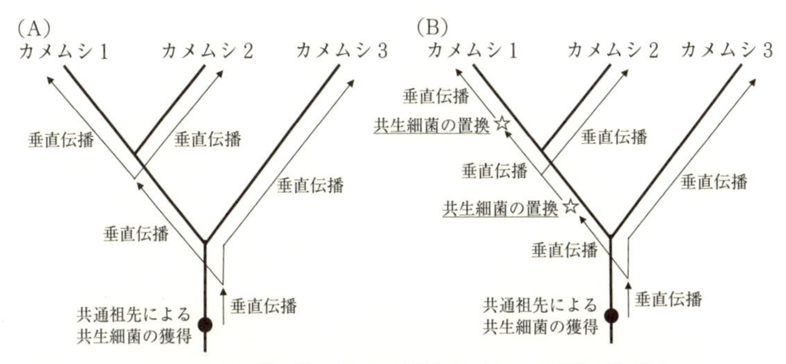

図 5.3　共生細菌の単一起源と複数起源が生じる過程の模式図

太線はカメムシ 1〜3 の系統関係を示すものとする．A. 単一起源の例（共種分化）．カメムシ 1〜3 の共通祖先が共生細菌を獲得し，その後に共生細菌の垂直伝播が繰り返されると，カメムシ 1〜3 の共生細菌は同じ起源をもつことになる．B. 複数起源の例．星印のところで共生細菌がまったく別の細菌に置換されると，カメムシ 1〜3 の共生細菌はそれぞれ異なる起源をもつことになる．

さて，ここで突然現れた“共生細菌の置換”という現象を聞いて読者の皆さんは疑問を感じなかっただろうか？　代々受け継いできたカメムシにとってはなくてはならない共生細菌が，ある時点でまったく別の細菌に置き換わってしまうというのだ．私自身はこの現象をすんなりとは受入れることができず，いくつかの疑問を感じていた．まず一つ目の疑問は，共生細菌の起源についてである．共生細菌が別の細菌に置き換わるというが，“別の細菌”とはいったいどこからやってきた細菌なのだろうか？　二つ目の疑問は，共生細菌の機能についてである．置換が起こる前の元の共生細菌は，おそらく宿主の成長や繁殖に必要な栄養分を合成していたと予想されるが，置き換わった後の新しい共生細菌もそれとまったく同じ機能をもっていたのだろうか？　すなわち，共生細菌が置換された後のカメムシは置換前と同じように成長・繁殖できたのだろうか？　そして三つ目の疑問は，共生細菌の種内多型についてである．これまでにおこわれてきたカメムシ類における共生細菌の系統解析は，各カメムシ種には特異的な1種のみの共生細菌が存在することを仮定していたが，もし共生細菌の置換がそれなりの頻度で生じているならば，単一種のカメムシの中に共生細菌の置換が起きた集団と起きていない集団が存在し，共生細菌の種内多型が存在している可能性があるのではないだろうか？　私はこれらの疑問を解くために研究を始め，現在はある程度の解答を得ることができたが，まだまだ解くべき謎が残っている状態である（Hosokawa *et al.*, 2016a）．次節以降では，これまでの研究の成果と今後の展望について順に紹介していきたい．

5.2 共生細菌の種内多型

前節に書いた三つの疑問のうち，最も手軽に確かめることができるのが，共生細菌の種内多型が生じているのではないか？という三つ目の疑問であった．まずはこの問題について徹底的に調べてみることにした．この調査ではなるべく広い範囲で多くの集団，多くの個体について調べる必要がある．そこでカメムシ図鑑を開き，分布域が広くてなおかつ十分な個体数の確保が可能なカメムシについて吟味したところ，日本国内に生息しているカメムシ科に属するカメムシの中ではチャバネアオカメムシ（**図5.4**）が研究材料として最適と考えられた．このカメムシは北海道から南西諸島まで日本のほぼ全域に分布しており，なおかつ深刻な農業被害を起こすほどに農園の果樹木に大発生する．また，夜間は明かりに飛来する習性があり，電灯や窓に多数の個体が集まっているのを何度も見たことがあった．分布域と個体数の条件をここまで十分に満たしているカメムシは他にいないだろう．さらにこのカメムシでは共生細菌に関する先行研究があり，共生細菌を実験的に取り除いた幼虫は正常に成長

図 5.4　クワの葉の上を歩くチャバネアオカメムシの成虫

できない必須相利共生であること，共生細菌は母親によって卵表面に塗りつけられ，それを子が摂取することで垂直伝播されることがわかっていた（阿部ら，1995）．

日本全国からチャバネアオカメムシのサンプルを収集し，最終的には 42 カ所から合計 448 個体を集めることができた．このすべてのサンプルについて，各個体が保持する共生細菌を遺伝子の塩基配列に基づいて同定したところ，共生細菌には種内多型が存在しており，全部で 6 種類の共生細菌（以降では共生細菌 A, B, C, D, E, F と呼ぶ）が見つかった．系統解析の結果から，共生細菌 A と共生細菌 C は近縁で同じ起源から分化した可能性があるが，その他の共生細菌はそれぞれ別個の起源をもっていることは間違いない（**図 5.5**）．宿主昆虫の生存に必須な共生細菌の種内多型というのはカメムシ類でもその他の昆虫でもそれまでに報告例が一切ない現象であったし，しかも 6 種もの共生細菌が存在することはまったく予想していなかったので，驚きと興奮に満ちた結果であった．

さらに，各共生細菌を保持する個体の地理的分布も興味深いも

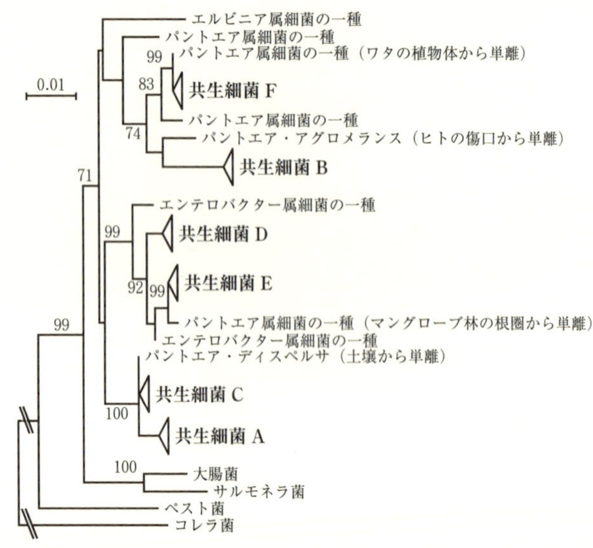

図 5.5　チャバネアオカメムシに見られる 6 種の共生細菌（A〜F）の系統関係
細菌の 16S rRNA 遺伝子の塩基配列に基づき近隣結合法で推定された系統樹．数値はブートストラップ値（70 以上のもののみ）．Hosokawa *et al*. (2016a) による図を改編．

のであった．**口絵 8** を見ていただきたい．北海道・本州・四国・九州（以降ではこれらをまとめて本土地域と呼ぶ）で採集した個体はすべて共生細菌 A を保持していたが，南西諸島の各島では共生細菌 A を保持するカメムシは見られず，共生細菌 B を保持するカメムシが優占し，そしてその中に共生細菌 C〜F を保持するカメムシが混生していたのだ（ただし宮古島だけは例外的であり，共生細菌 C を保持するカメムシが優占していた）．私はカメムシの集団ごとに共生細菌が異なっている可能性があるのではと予想していたのだが，南西諸島においては一つの集団（島）の中に異なる共生細菌をもつ個体が混生していたのである．共生細菌の置換が起きてきた頻度は私が想定していたものよりももっと高いのかもしれない．この共生細菌の種内多型は共生細菌の置換が起きてきた可能性を支持するものであるが，私としては置換に関する残りの二つの疑問，すなわち共生細菌の起源と機能の疑問に対する解答を得ないことにはスッキリしなかった．そこで次に，これらの疑問について室内実験で突き詰めていくことにした．

5.3 共生の歴史が長い共生細菌，短い共生細菌

共生細菌の起源と機能の問題に取り組む前に明らかにしておきたいことがいくつかあった．もし，チャバネアオカメムシの共生細菌の種内多型が共生細菌の置換によって生じたのだとしたら，置換の前から共生していたのはA～Fのうちどの共生細菌であり，置換の後に共生を始めたのはどの共生細菌なのだろうか？　まずはこの点について検討してみることにした．ここでは前章までの内容を少し思い出してもらいたい．第1章では，現在知られている昆虫の共生細菌は一般的に昆虫との共生の歴史がとても長く，その過程で多くの遺伝子を失ってゲノムサイズが小さくなっており，もはや昆虫の体外では生存できなくなっていることを解説した．第2～4章では，同様のゲノム縮小がカメムシ類の腸内共生細菌でも生じていることを紹介した．となると，チャバネアオカメムシの共生細菌A～Fのうち，もし置換の後から共生を始めた共生細菌が存在するのであれば，その細菌は共生の歴史が比較的短いため比較的大きなゲノムサイズをもち，カメムシの体外で生存する能力をまだ残しているかもしれない．そこでまずチャバネアオカメムシの共生細菌A～Fを宿主カメムシの体内から取り出し，標準的な細菌用の培地の一つであるLB培地を使って培養を試みたところ，共生細菌Aと共生細菌Bは培地上でまったく増殖しなかったが，共生細菌C～Fは特別な培養環境を設定しなくても培地上で増殖した．つまり共生細菌C

〜F は，カメムシの体外でも生存できるということである．この培養実験の結果は，各共生細菌のゲノムサイズの推定結果とも整合性がある．共生細菌 C〜F の推定ゲノムサイズは 460 万〜550 万塩基で，大腸菌などの環境中に生息している細菌と同程度であるが，共生細菌 A と共生細菌 B のゲノムサイズはそれよりも小さく，それぞれ 390 万塩基，240 万塩基と推定された．つまり共生細菌 A と共生細菌 B はゲノムが小さくなることで多くの遺伝子を失っており，その結果としてカメムシの体外では生存できなくなっている可能性が高い．これらの実験結果から，共生細菌 A と共生細菌 B は比較的共生の歴史が長い，いわば古い共生細菌，それに対して共生細菌 C〜F は比較的共生の歴史が短い，新しい共生細菌と判断することができた．

5.4 置換は何回起きたのか？

共生細菌の新旧に目星がついたところで，次に考えたいのは各共生細菌への置換が何回起きたのかという問題である．たとえば，共生細菌 C を保持する個体は南西諸島の各島に分布しているが（口絵 8），この分布パターンの形成において共生細菌 C への置換が一度しか起きていないのか，複数回起きたのかということである．共生細菌 C への置換は過去に一回だけしか起きておらず，置換が起こったカメムシの子孫が各島に分散した可能性も考えられるし，あるいは共生細菌 C への置換は各島で独立に複数回起こった可能性も考えられる．この点について明らかにするために，共生細菌を同定した各地のカメムシサンプルについて，ミトコンドリアの遺伝子の塩基配列に基づいたカメムシ個体間の系統関係を調べた．**図 5.6** がその系統解析の結果であるが，日本産のチャバネアオカメムシは遺伝的に分化した五つのクレードに分かれることが明らかになり

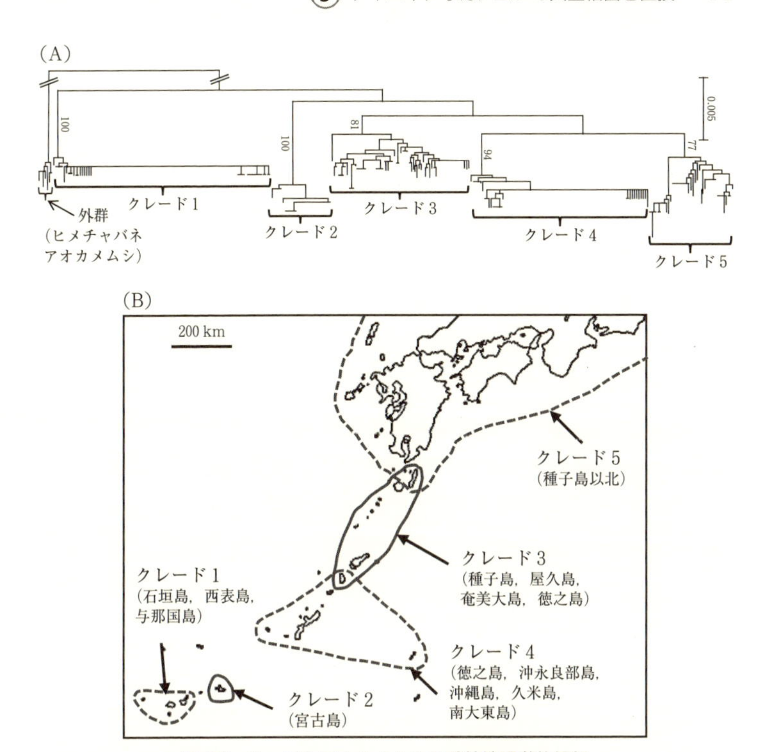

図 5.6　チャバネアオカメムシの系統地理学的解析

A. ミトコンドリアの 16S rRNA 遺伝子の塩基配列に基づくカメムシ個体の分子系統樹．B. 系統樹の五つのクレードの地理的分布．Hosokawa *et al*. (2016a) による図を改編．

(図 5.6A)，そのクラスタリングのパターンは，カメムシの採集地の地理的位置を強く反映したものであった (図 5.6B)．さらにこの系統樹に各個体の保持する共生細菌をマッピングしたものが**口絵 9** である．この解析からは，系統樹のクラスタリングのパターンはカメムシが保持する共生細菌とはほとんど関係ないこと，すなわち共生細菌 B〜F を保持する個体はそれぞれ単系統群を形成するのではなく，系統樹のあちこちに散らばっていることが明らかとなった．ただし，共生細菌 A を保持するカメムシだけは，クレード 5 の中で単系統群を形成していた．この系統解析の結果と前節で紹介した培養およびゲノムサイズの結果を合わせて考えると，チャバネアオカメムシの共生細菌の種内多型が形成されるまでのストーリーは以下のように推測される．最も祖先的な共生細菌は共生細菌 B であり，南西諸島では共生細菌 B から共生細菌 C〜F への置換がそれぞれ複数回生じ，本土地域には共生細菌 B から共生細菌 A への置換が起きた集団が広がった．ただし共生細菌 A と共生細菌 C はかなり近縁で起源が同じ可能性があるので（図 5.5），本土地域の共生細菌は，共生細菌 C だったものが共生を長く続けることで共生細菌 C とは少し違う共生細菌 A に進化した可能性も考えられる．これについては共生細菌の詳しいゲノム比較によって今後明らかにできるかもしれない．

5.5 共生細菌の起源

基礎的な情報が揃ったところで共生細菌の置換に関する残り二つの疑問の解決に取り掛かろう．まずは共生細菌の起源の問題である．共生細菌の置換によって生まれた新しい共生細菌 C〜F はいったいどこからやってきた細菌なのだろうか？　ここではまず図 5.5 を見直してもらいたい．共生細菌 C〜F のうち，共生細菌 C は土壌から単離されたパントエア・ディスペルサ（*Pantoea dispersa*）と呼ばれている細菌，共生細菌 E はマングローブ林の根圏から単離されたパントエア属細菌の一種，共生細菌 F はワタの植物体から単離されたパントエア属細菌の一種にそれぞれ非常に近縁である．この解析結果を素直に受けとめると，共生細菌 C〜F は，カメムシと共生を始める前は土壌中や植物中など，カメムシの体外の環境中で生活していた細菌（以下では環境細菌と呼ぶ）だったのではないか？という仮説が有力に思える．しかしここで，もう一つの未解決問題であった共生細菌の機能についての疑問にぶち当たるのだ．それまでカメムシの体外で生息していた環境細菌がカメムシの体内に入り，共生細菌Bと置き換わってカメムシと共生を始めたとき，はたしてその新しい共生細菌は宿主カメムシの都合のよいように栄養分を合成してくれるのだろうか？　宿主カメムシに何かしらの害を与えたりしないのだろうか？　私の予想は否である．おそらくは，環境細菌が一時的にカメムシの新しい共生細菌になったとしても，栄養不足や細菌の作る毒性物質によって宿主カメムシはまもなく死んでしまい，共生関係は維持されないのではないだろうか……．直感的な予想ではあるが私はそのように考えており，共生細菌C～Fの起源が環境細菌だったという仮説はちょっと無理があるように思えた．

5.6 環境細菌はカメムシと相利共生関係になれるか？

前節からの繰り返しになるが，共生細菌の置換によって環境細菌がカメムシと共生するようになっても，栄養不足や細菌の毒性によって，カメムシは生存していけないだろうというのが私の予想であった．つまり，環境細菌がカメムシと共生を始めたときにはたして相利共生関係が成り立つのかが疑問だったのだ．これを確かめるためには実験的にカメムシと環境細菌を共生させてみればよいわけだが，その前に共生細菌A～Fのすべてがカメムシと相利共生関係になっているかを確かめておく必要があるだろう．そこでまず，野外で採集した共生細菌A～Fを保持するカメムシからそれぞれ飼育系統を作成し，そのすべてについて共生細菌を取り除く実験をおこなってみた．卵の表面に共生細菌を塗って垂直伝播するタイプのカメ

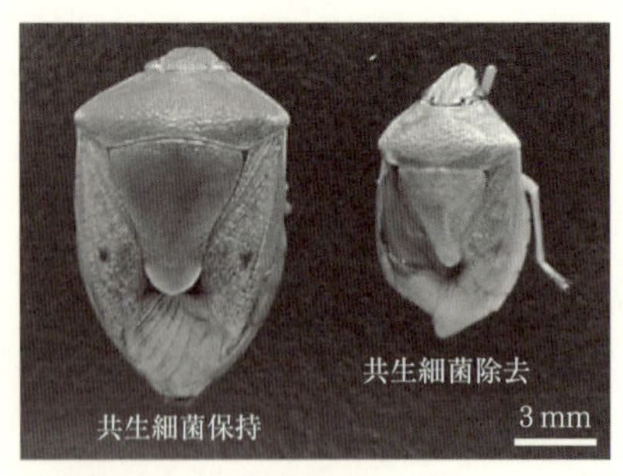

図 5.7　共生細菌を取り除く実験で羽化したチャバネアオカメムシ
左：対照区で成虫になった個体．右：除去区で成虫になった個体．共生細菌を取り除くとほとんどの個体が幼虫時に死亡し，ごく少数の個体は成虫まで育つが写真のように体が小さく，体色が黄色で弱々しい．→ 口絵 10

ムシでは，産卵された卵の表面をエタノールなどで殺菌しておくと卵から生まれた幼虫は共生細菌を取り込むことができなくなる．このようにして作成した共生細菌をもたない幼虫に通常の餌を与えてもほとんどすべての個体が成虫になる前に死亡し，成虫まで育った個体も体の色や大きさに著しい異常が見られた（**図 5.7**）．この結果は，A〜F のどの共生細菌をもつ系統で実験しても同じであった．一方，対照区として共生細菌 A〜F のいずれかを保持した幼虫に同じ餌を与えた場合は，どの共生細菌においても正常に成長した．この結果から，共生細菌 A〜F は，いずれも宿主カメムシの成長に必要な栄養分を合成していると考えられる．

次に，共生細菌 A〜F の間で栄養分の合成能力に違いがあるかどうか，また，A〜F のいずれも宿主カメムシに害を与えないかについて調べた．ここで力を発揮するのがカメムシ類の共生細菌研究の醍醐味ともいえる，共生細菌の置き換え実験である（第 2 章を参照）．チャバネアオカメムシでの共生細菌の実験的置き換えは，まず卵の表面を殺菌処理して母親由来の共生細菌を取り除き，卵から

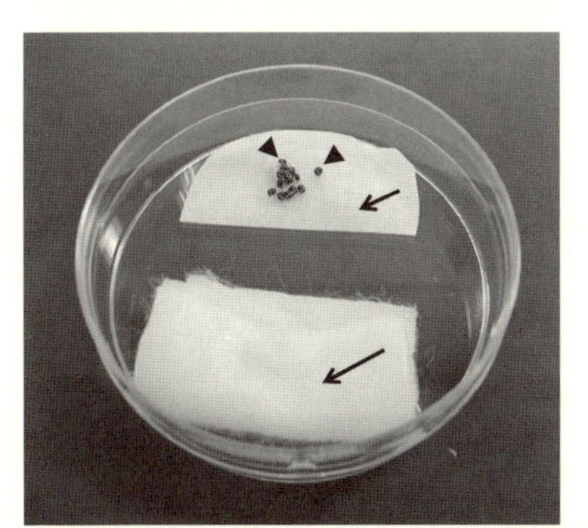

図 5.8　チャバネアオカメムシにおける共生細菌の置き換え実験の方法
表面を殺菌した卵から生まれた幼虫（矢頭）に細菌の培養液を与える（矢印のろ紙と脱脂綿に染み込ませる）．チャバネアオカメムシの 1 齢幼虫は必ず水分を摂取するので，培養液中の細菌を体内に取り込むことになる．

生まれた幼虫に液体培地で培養した共生細菌を摂取させることで可能である（**図 5.8**）．まず初めに，共生細菌 B を保持している飼育系統を使って，共生細菌 B を共生細菌 C〜F のいずれかに置き換える実験をおこなった．共生細菌を置き換えた幼虫を育てると，どの共生細菌に置き換えたカメムシも対照区のカメムシ（共生細菌 B を保持するカメムシ）と同じように成長した（**図 5.9**）．さらにこれらの成虫に繁殖もさせたが，メスの産んだ卵の数にも違いは見られなかった．次に共生細菌 A を保持している飼育系統を使って，共生細菌 C〜F のいずれかに置き換える実験をおこなったが結果は同じであり，どの共生細菌に置き換えても対照区のカメムシ（共生細菌 A を保持するカメムシ）と同じように成長，繁殖した．したがって共生細菌 A〜F の栄養分合成能力に違いはなく，どの細菌も同じようにカメムシの成長と繁殖をサポートできると考えられる．また，どの共生細菌も宿主カメムシには害を与えていないようである．こ

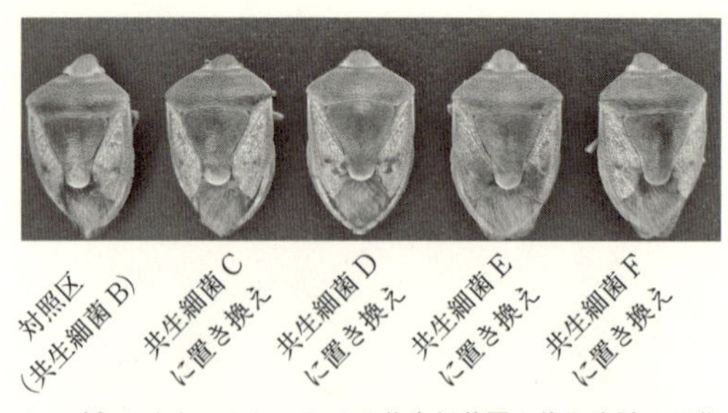

図 5.9　チャバネアオカメムシにおける共生細菌置き換え実験で羽化した成虫
共生細菌 B を共生細菌 C〜F のどれに置き換えても正常に成長し，繁殖した．
→ 口絵 11

れらの実験によって，共生細菌 A〜F のすべてがチャバネアオカメムシと必須相利共生の関係にあることが確認された．

少し前置きが長くなったが，ここからがこの節の本題であり，そしてこの章の最大のハイライトでもある．はたしてカメムシと環境細菌を共生させると相利共生関係は成り立つのだろうか？　実験に使う環境細菌は共生細菌 C〜F に近縁なものにした．一つは上述の共生細菌 C に近縁で土壌から単離されたパントエア・ディスペルサであり（図 5.5），この細菌はアメリカにあるバイオリソースセンター（American type culture collection）に保管されていたので入手することができた．共生細菌 E, F に近縁なパントエア属細菌も使いたいところだが，残念ながらこれらはどこにも保管されていなかったので諦めた．しかし同じパントエア属であり，ヒトの傷口から単離されたパントエア・アグロメランス（*Pantoea agglomerans*）（図 5.5）が入手できたので，これも実験に使うことにした．実験方法は上記の共生細菌 C〜F に置き換える実験と同じである．共生細菌 B を保持するチャバネアオカメムシの飼育系統から卵を採取して表面を殺菌し，共生細菌をもたない幼虫に培養したパントエア・ディスペルサあるいはパントエア・アグロメラン

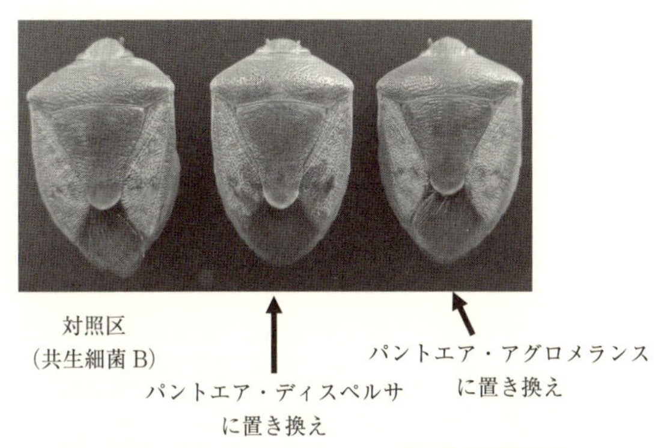

図 5.10　チャバネアオカメムシにおける共生細菌置き換え実験で羽化した成虫
共生細菌 B を環境細菌であるパントエア・ディスペルサ，パントエア・アグロメランスのどちらに置き換えても正常に成長し，繁殖した．→ 口絵 12

スを摂取させたのち通常の餌を与えて飼育した．そして結果であるが，私にとっては驚くべきものであった．どちらの環境細菌に置換した場合もカメムシは特に異常なく成長し，そして繁殖したのである（**図 5.10**）．これは私の予想を完全に覆す結果であり，また同時に共生細菌の置換という現象についてずっと抱いていたモヤモヤをスッキリと晴らしてくれる結果でもあった．環境中に生息していた細菌がカメムシと共生を始めたとき，その細菌が宿主カメムシの必要とする栄養分を不足なく合成し，なおかつ宿主カメムシにまったく害を与えなかった，つまりは相利共生関係の成立が実際に目の前で起こったのである．これはあくまで実験室条件下での結果ではあるが，おそらく野外においても共生細菌の置換によって環境細菌と共生することになったカメムシが元の共生細菌を保持するカメムシと同じように生存でき，カメムシ集団中に維持されることがあるのだろう．これで共生細菌 C～F の起源はカメムシの体外に生息する環境細菌だと結論づけても問題なくなった．

ところで，この結果を見た私は逆の方向に極端な考えをもつようになってしまった．実はどんな細菌でも，カメムシと相利共生関係になれるのではないだろうか？　そこで次に，共生細菌 C〜F と近縁ではない細菌をカメムシと共生させてみることにした．細菌の研究においてモデル生物となっている大腸菌（*Escherichia coli*）と枯草菌（*Bacillus subtilis*），そしてバークホルデリア（*Burkholderia*）属の細菌の一種（第 6 章で詳しく解説する）を使って上記とまったく同様の置き換え実験をおこなってみたところ，今度はどの細菌に置き換えた場合も，カメムシはまともに成長することなく幼虫のときに死亡した．したがって，これらの細菌はカメムシが必要とする栄養分を合成できない可能性が高い．ただし，栄養分は合成できるのだがカメムシの害になる物質も合成している可能性や，カメムシの腸内に定着することができない可能性なども考えられ，この点については今後さらに詳しく調べる必要があるだろう．いずれにせよ，どんな細菌でもチャバネアオカメムシと相利共生関係になれるというわけではないのだ．具体的にどのような細菌ならばチャバネアオカメムシと相利共生関係になれるのかについては，現在研究を進めているところである．

5.7　共生細菌の置換は今後も起こる？

共生細菌 C〜F は培養可能であり，カメムシの体外で生存する能力を有していることを考慮すると，チャバネアオカメムシの体の中だけでなく環境中にも生息している可能性が考えられる．そこで，共生細菌を取り除いたチャバネアオカメムシの幼虫に土壌中の細菌群集（さまざまな種類の細菌の集まり）を取り込ませる実験をやってみることにした（**図 5.11**A）．もし細菌群集の中に共生細菌 C〜F が含まれているならば，一部のカメムシは共生細菌 C〜F を体内に

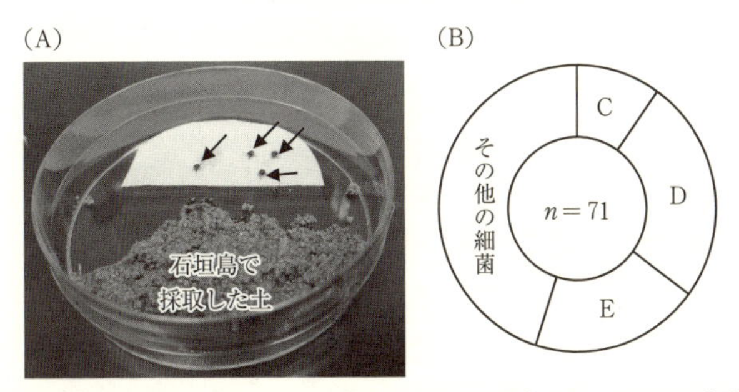

図 5.11　チャバネアオカメムシの幼虫に土壌細菌群集を取り込ませる実験
A. 共生細菌を取り除いた一齢幼虫（矢印）に土壌を与えると水分と一緒に土壌中の細菌群集を体内に取り込む．B. 土壌細菌群集を取り込んだ後に正常に成長した成虫と共生していた細菌．n は調査した成虫個体数．Hosokawa *et al*.（2016a）による図を改編．

取り込んで栄養を供給してもらい，正常に育つであろう．900 頭以上の幼虫について調べたところ，そのうちわずか 7% ほどではあったが正常に成長して成虫まで育つ個体が現れ，その成虫を解剖して中腸の盲嚢内を調べてみると共生細菌 C, D, E が共生していた（図 5.11B）．また，最新の実験結果では共生細菌 F も土壌中に存在していることを確認している．共生細菌 C〜F はカメムシの体の中だけに生息しているのではなく，環境中にも生息しているのだ．一方，共生細菌 A と B は環境中から単離されることはなく，また培地上でも培養できていないことや，そのゲノムサイズから考えても，カメムシの体内だけに生息している細菌であると考えられる．

共生細菌 C〜F が現在の環境中にも生息しているとなると，それがいわば“新しい共生細菌の源”となって共生細菌 C〜F への置換はこれから先も起こっていくことが期待される．そうだとすると，今後の南西諸島では共生細菌 B をもつチャバネアオカメムシは減少し，代わりに共生細菌 C〜F をもつチャバネアオカメムシが増えていくかもしれない．野外において共生細菌の置換が具体的にどれくらいの頻度で起きるのかはわからないが，10年後か20年後に南西諸島のチャバネアオカメムシがどの共生細菌をもっているのかをもう一度調べるのを密かな楽しみとしている．

5.8 新たな疑問と今後の展望

かくして当初の疑問はひとまずすべて解決した．環境中にはカメムシの成長や繁殖に必要な栄養分を合成することができ，なおかつカメムシに害を与えることがない細菌が生息しており，それがカメムシの体内に入り込み，元の共生細菌に取って代わることで置換が起こるのだ．置換によって生じた新しい共生細菌C〜Fは垂直伝播によってカメムシ集団中に維持され，いずれは共生細菌Aや共生細菌Bのように環境中で生存するための遺伝子を失って，カメムシの体内のみで生活する共生細菌になるのだろう．このような共生細菌の置換がチャバネアオカメムシの共生細菌の種内多型を生み出し，また，本章の初めに紹介したカメムシ科における共生細菌の複数起源の原因であると考えられる．しかし研究を進めているうちに新たな疑問も続々と湧いてきている．おそらくここまで読んだ読者の方もいくつか疑問が湧いたのでないだろうか．最後に今後の研究で取り組んでいきたいと考えている問題についてもいくつか紹介しておきたい．

まずは宮古島の謎である．共生細菌Cをもつカメムシの頻度が宮古島とその他の島ではっきりと違っており（口絵8），その理由は誰しもが知りたくなるところだろう．しかしこれについては今のところまったく不明なのである．いくつかの仮説は考えている．たとえば，宮古島のカメムシがもつ共生細菌Cは他の島のカメムシがもつ共生細菌Cとは異なる生理学的特徴をもっており，カメムシが必要とする栄養分の合成能力が非常に高いのかもしれない．もしそうならば，宮古島の共生細菌Cを保持するカメムシは増殖力が高く，他の共生細菌をもつカメムシよりも優占しそうである．上述の共生細菌置換実験（図5.9）では石垣島のカメムシに由来する共生細菌Cを使っており，宮古島のカメムシに由来する共生細菌Cを使って同様の実験をおこなうとどのような結果になるのか楽しみである．別の仮説としては，宮古島の環境中には共生細菌Cが高い密度で生息しており，他の島よりも共生細菌Cへの置換が起こりやすいのかもしれない．図5.11の土壌細菌群集を取り込ませる実験では石垣島の土を使っているのだが，宮古島の土を使ってやるとどうなるのだろうか？　やはり結果が楽しみな実験である．

チャバネアオカメムシの共生細菌が南西諸島でのみ多様化しているのも，非常に興味深い現象である．南西諸島の生物多様性の高さはさまざまな生物分類群で知られているが，カメムシの共生細菌を見てもやはり多様性が高いのである．では，なぜ南西諸島でのみ共生細菌の置換が起きて共生細菌が多様化し，本土地域では単一の共生細菌Aに固定されているのだろうか？　原因として真っ先に考えられるのは，環境中の細菌群集の違いである．置換における新しい共生細菌の源である環境中の共生細菌C〜Fが南西諸島には存在しているが，本土には存在していないのではないだろうか．図5.11と同様の実験を本土の各地域の土と南西諸島の各島の土を使っておこなうことで検証できるだろう．

図5.11Bにある“その他の細菌”が気になった読者もいるのではないだろうか．“その他の細菌”とは，共生細菌A〜Fとははっきりと区別できる複数種類の細菌なのだが，これらの細菌を取り込んだ幼虫も，共生細菌C〜Eを取り込んだ幼虫と同じように正常に育ったのである．つまり“その他の細菌”は共生細菌C〜Fと同様に環境中に生息し，カメムシと相利共生関係になるポテンシャルはも

っているということなのだが，なぜかこの“その他の細菌”と共生しているカメムシは野外からは1頭も見つかっておらず，この理由もぜひとも解明したいと思っている．

最後は，チャバネアオカメムシ以外のカメムシではどうなっているのかという問題である．これについてはいくらか調査を進めており，すでに一部は発表している（Hosokawa *et al*., 2016a）．少なくともカメムシ科のタイワントゲカメムシとフタホシツマジロカメムシ，さらにはキンカメムシ科のミカンキンカメムシとミヤコキンカメムシについては，南西諸島で採集した個体がチャバネアオカメムシと同じ共生細菌C〜Fと共生していることを確認しており，これらのカメムシでもチャバネアオカメムシと同じように置換によって共生細菌の種内多型が生じているようである．しかし，南西諸島に生息するカメムシ科とキンカメムシ科のカメムシでも，ヒメチャバネアオカメムシ，ミナミアオカメムシ，アカギカメムシなどは共生細菌C〜Fによる置換が起こっておらず，カメムシの体外では生息できない1種の共生細菌に固定されているようである（Kaiwa *et al*., 2010; Tada *et al*., 2011; Kikuchi *et al*., 2012b; Hayashi *et al*., 2015）．なぜ後者のカメムシでは共生細菌の置換が起きないのかも興味深い謎であり，今後の研究で取り組んでみたいと考えている．

チャバネアオカメムシとその共生細菌を対象にした研究では，他にも重要な発見がなされる可能性が高い．共生細菌C〜Fは，宿主昆虫の生存に必須な共生細菌の中では初めて発見された，培養できる細菌である．これまで研究されてきた共生細菌は培養できないがために遺伝子の導入やノックアウトなどが不可能であり，個々の遺伝子の機能を調べることができなかった．しかし培養できる共生細菌C〜Fにはさまざまな分子遺伝学的手法を適用することが可能であり，今後はかつてないアプローチで必須相利共生という現象の分子機構を解明していくことができるであろう．これに加えて，宿主であるチャバネアオカメムシも実験室で比較的容易に累代飼育ができることから，実験進化学的アプローチも可能である．以前に私が所属していた産業技術総合研究所を中心にした大型プロジェクトがすでに立ち上がっており[1)]，今後の展開が期待されている．

Box 6　チャバネアオカメムシの採集

本編中の第5章でも触れたが，チャバネアオカメムシの共生細菌の研究を始めた当初，まずは共生細菌の種内多型が生じているかどうかを調べたかったので，日本全国からサンプルを集める必要があった．各地の知り合いに採集をお願いしたり，生態学・進化学・昆虫学系のメーリングリストに採集依頼を投稿したりもしたが，それだけでは不十分だったので自分でも採集に出向いた．口絵8で示したデータのうち，つくば，対馬，日南，種子島，屋久島，奄美大島，徳之島，沖永良部島，沖縄島，久米島，宮古島，石垣島，西表島，与那国島のサンプルの大部分が自分で採集したものである．当時は基本的に朝から晩まで研究室にこもって飼育，実験，論文執筆の日々だったので，遠方に出向いての野外採集はよい気分転換になっていた．しかし旅費は研究費から出してもらっているので，いくら楽しい時間を過ごせても成果なく帰るわけにはいかない．個体数が多いカメムシではあるものの，天候や時期によってはまったくといっていいほど採れないときもあり，帰りの飛行機の時間ギリギリまで必死で探したことも何度かあった．

チャバネアオカメムシはクワの実によく集まるので，クワが実っている季節ならばあまり苦労はしない．日本の本土地域ならば5, 6月に実のなったクワの木を探して捕虫網を振れば，あっという間に数十頭を採集することができる．しかし問題は南西諸島での採集である．こちらのクワ（シマグワ）は実がなる時期が不定期のようで，採集に適

[1)] https://staff.aist.go.jp/t-fukatsu/KBNSHome.html

した時期がいまいち読めないのである．南西諸島まで採集に行ってクワがあまり実っていないときは，トベラやハゼノキあたりの実を探すとまずまず採れるのだが，それらの実も見つからないときは早々に諦めて宿に戻って寝ることにしていた．ただし諦めたのは昼間の採集であって，夜の採集に備えて寝るのである．夜中に再び外に出てカメムシ探しを始めるのだが，夜の狙いは植物に集まるカメムシではなく光に集まるカメムシである．コンビニ・自動販売機・ライトアップされた看板などを巡回して採集するのだが，夜中にコンビニのガラス窓などを隅々まで舐めるように視線を這わせる姿はどう見ても怪しく，他の人から見たら不審者にしか見えなかっただろう．

採集したカメムシは飼育実験や共生細菌の培養にも使うので，生きたままの状態で研究室まで持って帰る必要があった．飛行機に乗る際，預け荷物に出してしまうのは少々不安である．というのは，カメムシを入れた容器を激しく揺すると驚いたカメムシがニオイを出すことがあり，さらにそれが他の個体にも連鎖して容器内にニオイが充満するとカメムシが死んでしまうことがあるのだ（一部の人たちはこれを“カメムシの自爆”と呼んでいる）．苦労して採集したカメムシが実験前に死んでしまっては悲しすぎるので，採集したカメムシを入れた容器は必ず客室内に持ち込むようにしていた．大量のカメムシを持っていることが他の客に知れると嫌がられるのは間違いないので，容器は袋に入れて他の客からは中身が見えないようにした．しかし考えられる最悪の展開は客室内でカメムシがニオイを発することである．これはカメムシが死ぬだけではなく，異臭事件に発展しかねない．それを考えると，頭上の棚は飛行中に荷物が動いたり他の客やキャビンアテンダントが勝手に触れたりする可能性があるので危険である．最も安全なのは自分の足元なので，飛行機に乗り込んだら容器をそっと足元に置き，あとは自分で蹴飛ばさないように注意しながらじっと到着を待つようにしていた．

なお，現在も年に 1 回は石垣島にチャバネアオカメムシの採集に行っているのだが，研究を始めて 10 年近く経った今も相変わらず，採れないかも…，通報されるかも…，ニオイ出すかも…，とドキドキしながらやっている.

ホソヘリカメムシの共生細菌と環境中からの獲得

6.1 共生細菌を子に伝えないカメムシ

本章以降に登場するカメムシはここまでに登場したカメムシとは少し系統が異なるので，初めにカメムシの分類について少し整理しておきたい．本書において「カメムシ類」という言葉はカメムシ下目に属する昆虫を指すとしてきたが，このカメムシ下目というグループは，下位分類群であるカメムシ上科，ヘリカメムシ上科，ナガカメムシ上科，ホシカメムシ上科，ヒラタカメムシ上科という五つのグループに分けられている．前章までに登場したマルカメムシ科，クヌギカメムシ科，ベニツチカメムシ科，ツチカメムシ科，ツノカメムシ科，キンカメムシ科，カメムシ科はいずれもカメムシ上科に含まれるものであったが，本章以降ではカメムシ上科以外のグループのカメムシへと話を広げていきたい．本章では，まずヘリカメムシ上科に属するホソヘリカメムシ科の代表種であるホソヘリカメムシ（**図 6.1**A, B）の共生細菌の特徴について詳しく紹介し，最

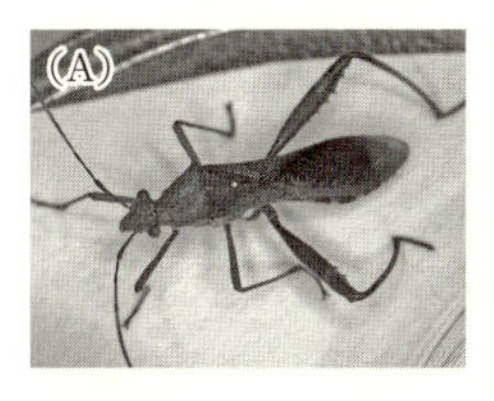

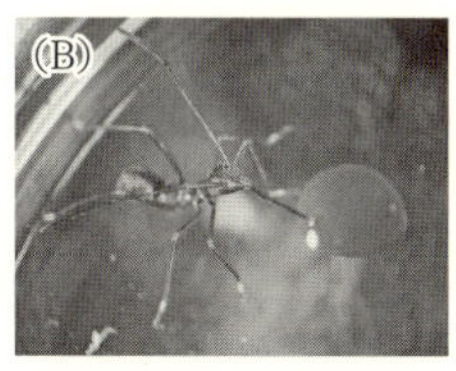

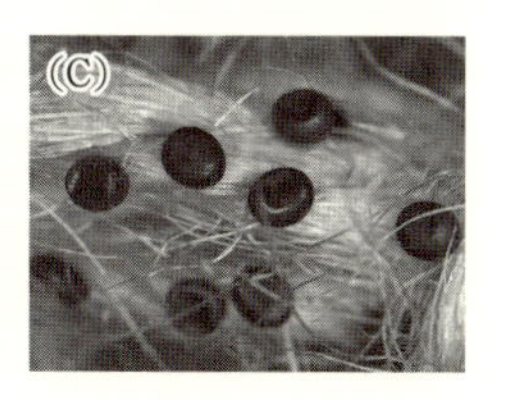

図 6.1　ホソヘリカメムシ

A. 成虫. B. 水分を摂取する幼虫. C. 麻ひもに産みつけられた卵. 写真提供：菊池義智博士.

後にその周辺のグループのカメムシについても少し触れることにする.

ホソヘリカメムシはダイズ畑において収穫前のダイズを食い荒らす大害虫であることから，防除を目的とした生理や生態の研究が古くから盛んにおこなわれてきた. しかしなぜか共生細菌の研究にはまったく手がつけられておらず，私がポスドクをしていた研究室に大学院生として在籍していた菊池義智さん（現・産業技術総合研究所北海道センター）の博士論文の研究によってようやく共生細菌とその共生様式の基本的な特徴が解明されたのだが，驚くべきことにそれは前章までに紹介したカメムシのものとは根本的に異なるものであった. 彼はその後もホソヘリカメムシの共生細菌をメインテーマにして研究を続けており，いくつもの重要で興味深い現象を発見している. この章では彼が中心になって進めてきた一連の研究について，順を追って紹介していきたい.

前章までに紹介してきたカメムシ上科のカメムシと同様に，ホソヘリカメムシの中腸の後端部分にもおびただしい数の盲嚢が発達しており，その内部には共生細菌が高密度で詰まっている. 野外でホソヘリカメムシの成虫を捕まえるとほとんどすべての個体が腸内に共生細菌を保持しているのだが，その卵を調べてみるとカプセルもゼリーも粘液もついておらず，卵表面に共生細菌が塗布されていることもない（図6.1C）．そして親が子の世話をする様子も観察されない．これを見た菊池さんは，ホソヘリカメムシの共生細菌は親から子に垂直伝播されていないのではないかと考え，それを確かめるために野外で採集したホソヘリカメムシのメスをプラスチックの飼育容器の中で産卵させ，そのまま母親と子を容器の中で同居させた状態で，餌と水のみを与えて飼育を続けた．子はやがて成虫へと成長したが，体が小さく，そして腸内には共生細菌がまったく存在していなかった（Kikuchi *et al.*, 2007; 菊池，2011）．菊池さんが予想したとおり，このカメムシでは共生細菌が親から子へ伝えられないのだ．しかし上述のように，野外で採集したホソヘリカメムシの成虫のほぼすべてが腸内に共生細菌を保持していることから，野外においては卵から生まれた幼虫が成虫に育つまでの間に，どこからか共生細菌を獲得していることが予想される．

6.2 世代ごとに環境中から共生細菌を獲得する

ホソヘリカメムシの幼虫がどこから共生細菌を獲得しているかについて解説する前に，まずはホソヘリカメムシの共生細菌がどのような細菌なのかについて説明しておきたい．ホソヘリカメムシの共生細菌を遺伝子の塩基配列に基づいて同定すると，前章までに紹介したカメムシ上科に属するカメムシの共生細菌とは系統が大きく異なる細菌であることがわかった．カメムシ上科の共生細菌はすべてガンマプロテオバクテリア綱と呼ばれるグループに属する細菌なのだが，ホソヘリカメムシの共生細菌は綱のレベルで違っており，ベータプロテオバクテリア綱に含まれるバークホルデリア（*Burkholderia*）属に分類される細菌だったのだ（Kikuchi *et al.*, 2005）．この共生細菌のゲノムサイズは約700万塩基とかなり大きく，また培地での培養が可能であること，すなわちカメムシの

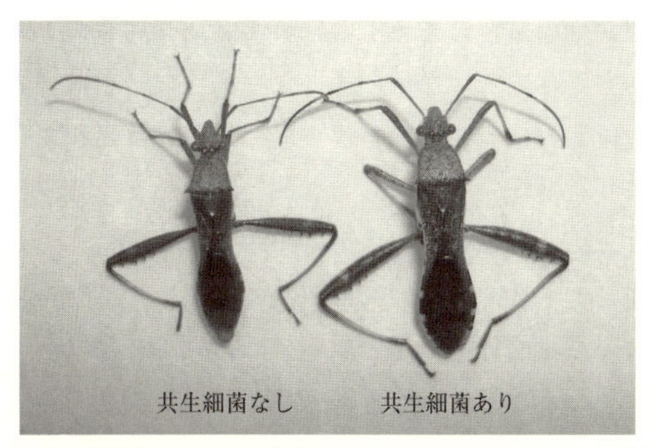

図 6.2　実験室内で卵から飼育したホソヘリカメムシのオス成虫
左：飼育容器内に餌（ダイズの種子）のみを入れて飼育したもので，共生細菌を獲得しておらず，体が小さい．右：飼育容器内に餌とともにダイズ畑の土を入れて飼育したもので，共生細菌を獲得しており，体は十分に大きく成長している．写真提供：菊池義智博士．

体外でも生存可能であることも確かめられている（Kikuchi *et al*., 2007; Shibata *et al*., 2013; 菊池 2011）．

バークホルデリア属の細菌は土壌や植物体などにも広く生息していることが知られており，それを考えるとホソヘリカメムシは，環境中に生息するバークホルデリア属細菌を取り込んで共生細菌としている可能性が浮かび上がってくる．そこでダイズ畑で採取した土を飼育容器に入れてホソヘリカメムシの 1 齢幼虫を飼育してみると，成虫まで育ったときにはほとんどの個体が腸内に共生細菌を保持しており，体も十分に大きく成長していた（**図 6.2**）（Kikuchi *et al*., 2007; 菊池，2011）．この結果は，前節で説明した幼虫を母親と同居させる実験の結果とは対照的であり，ホソヘリカメムシの幼虫は母親から共生細菌を受け継ぐのではなく，環境中に生息するバークホルデリア属の細菌を体内に取り込んで共生細菌としていると考えて間違いないだろう．マメ科の植物が根粒菌と呼ばれる細菌と共生しており，その共生細菌に大気中の窒素を固定してもらっていることは相利共生の例として多くの教科書で紹介されているので，読者の皆さんもご存知ではないだろうか．実はマメ科の植物も種子の段階では根粒菌を保持しておらず，発芽後の成長過程で土壌中から根粒菌を取り込んで共生を始める．共生細菌を親から子に垂直伝播するのではなく，世代ごとに環境中から新たに獲得するという点でホソヘリカメムシとマメ科植物は似ており，また共生細菌が垂直伝播されるのが一般的である昆虫類の中において，ホソヘリカメムシは珍しい例といえる．

では次に，ホソヘリカメムシの幼虫はいつ共生細菌を獲得しているのかについて見ていこう．実験室内において各齢の幼虫にダイズ畑の土を与えると，2 齢幼虫のときに土を与えた場合が最も共生細菌の獲得率が高かった（**図 6.3**）．また，野外のダイズ畑でホソヘリカメムシの各齢の幼虫を採集してその腸内を調べると，3〜5 齢の幼虫はほぼすべての個体が共生細菌を保持していたが，2 齢幼虫では 3 割ほどの個体がまだ共生細菌を獲得していなかった．これらの結果を合わせて考えると，ホソヘリカメムシの幼虫は主に 2 齢幼虫のときに共生細菌を取り込んでいるようである．なぜ 1 齢のときではなく 2 齢のときに取り込むのかについては現在のところ明確な回答が得られていないが，ホソヘリカメムシの 1 齢幼虫では共生細菌が入る中腸の盲嚢がまだほとんど発達していないため，共生細菌を腸内に定着させることが難しいのかもしれない（Kikuchi *et al.*, 2011a）．

ここまでに紹介した一連の実験の結果が得られた段階で，ホソヘリカメムシは共生細菌を世代ごとに環境中から取り込んでいることは疑う余地はなかったのだが，一つ大きな謎が残されていた．土壌中にはさまざまな種類の細菌が混在しているのに対し，ホソヘリカメムシの腸内に共生しているのはバークホルデリア属の細菌だけで

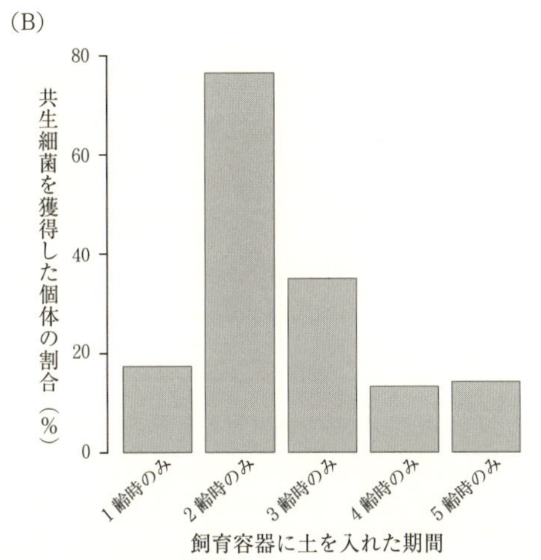

図 6.3　ホソヘリカメムシの幼虫がいつ共生細菌を獲得するかを調べた実験

A. 実験デザイン．どの実験区も卵から生まれた幼虫を成虫になるまで育てるが，1〜5 齢の各期間（斜線部分）のみ飼育容器内にダイズ畑の土を入れて飼育し，成虫まで育った時点で腸内の共生細菌の有無を調べた．B. 実験結果．各実験区で共生細菌を獲得した個体の割合（%）．Kikuchi *et al*. (2011a) による図を改編．

ある．ホソヘリカメムシの幼虫はストロー状の口を使って土壌中に生息する細菌を体内に取り込むわけだが，どのようにしてバークホルデリア属の細菌だけを選別しているのだろうか？　最近の研究成果によると，その秘密はカメムシの消化管にあるようだ．ホソヘリ

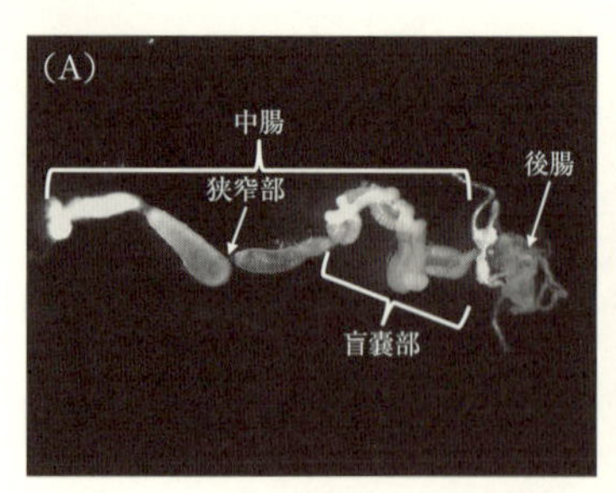

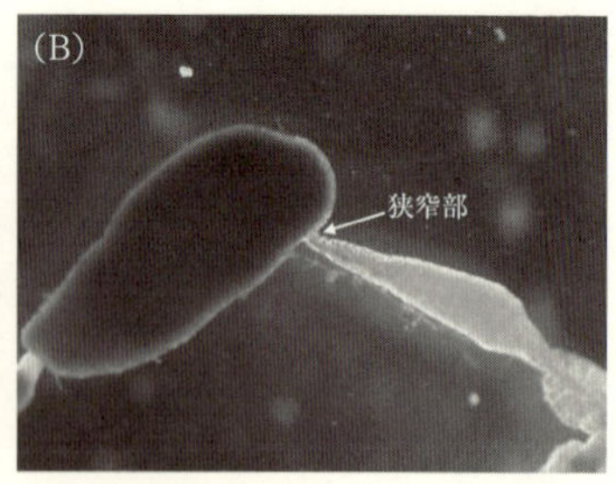

図 6.4　ホソヘリカメムシの 3 齢幼虫の消化管

左側が口側で右側が肛門側．A．盲嚢部と狭窄部の位置．B．狭窄部の拡大．写真提供：菊池義智博士．

カメムシの消化管の中央付近，共生細菌が定着する中腸の盲嚢部よりも少し上流側（口に近い側）には，極端に細くなっている狭窄部がある（**図 6.4**）．蛍光標識した細菌を 2 齢幼虫に取り込ませて消化管内での移動について調べたところ，非常に面白い現象が発見された．バークホルデリア属の細菌は狭窄部を通過して下流にある盲嚢部まで移動できるのに対し，他の細菌は狭窄部の上流までは到達できるが，狭窄部を通過することができないのだ（Ohbayashi *et al*., 2015）．つまり，カメムシの幼虫はバークホルデリア属の細菌だけでなく他のさまざまな細菌もまとめて消化管内に取り込むのだが，狭窄部において細菌の選別が起こり，バークホルデリア属の細菌だけが中腸の盲嚢部に到達できるのである．盲嚢部にたどり着いたバークホルデリア属の細菌はそこで増殖して共生細菌として定着するが，他の細菌は狭窄部よりも上流の部分にとどまり，いずれカメムシに消化されてしまうのだろう．なぜバークホルデリア属の細菌だけが狭窄部を通り抜けることができるのかについては，細菌の移動能力や狭窄部の物理的構造，さらには狭窄部内を満たしている粘液状の物質などがかかわっている可能性があり，現在さまざまな観点から研究が進められているところである．

6.3 共生細菌の機能

ここまで解説したように，カメムシ上科のカメムシとホソヘリカメムシでは共生細菌の系統と維持機構に非常に大きな違いがあるのだが，共生細菌の機能についてはどうであろうか？　図 6.2 に示したように，ホソヘリカメムシの幼虫に共生細菌を獲得させないと成虫になったときの体の大きさがはっきりと小さくなることから，共生細菌は宿主カメムシの成長に使われる何かしらの栄養分を合成することでカメムシの成長に寄与していることが予想される．具体的にどのような栄養分を合成しているのかについては，今後共生細菌のゲノム解析などによって明らかにされるであろう．共生細菌が栄養分を合成しているという点では，これまでに紹介してきたカメムシ上科のカメムシとホソヘリカメムシは共通しているのだが，ホソヘリカメムシがカメムシ上科のカメムシと大きく異なる点は，共生細菌を獲得させなかった個体は体が小さいながらも高い確率で成虫まで育ち，そして少なくとも飼育条件下では繁殖が可能なことである．したがって，ホソヘリカメムシとバークホルデリア属細菌の共生関係は必須相利共生とは呼べないかもしれない．しかし，野外で採集した成虫のほとんどすべてが共生細菌を獲得していることを考えると，幼虫時に共生細菌を獲得せずに体が小さい成虫になることは，野外環境下で子孫を残すうえで圧倒的に不利なのだろう．たとえば，オスであれば体が小さいと配偶者の獲得を巡るライバルオスとの闘争で不利になり，メスであれば体が小さいと生産できる卵の数が減ることなどが予想される．

ホソヘリカメムシの共生細菌では栄養分の合成に加えてもう一つ，宿主カメムシに殺虫剤抵抗性を付与するという極めてユニークな機能をもつことがわかっている．世界中の田畑で広く使用されて

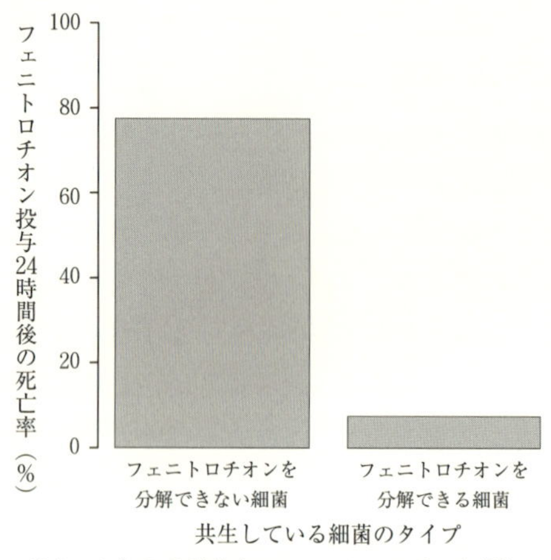

図 6.5　ホソヘリカメムシの３齢幼虫にフェニトロチオンを投与した時の死亡率
Kikuchi *et al*. (2012a) による図を改編.

いる農薬の一つにフェニトロチオンと呼ばれるものがあり，これはカメムシ類をはじめとしたさまざまな害虫に有効な殺虫剤である．土壌中に生息しているバークホルデリア属の細菌の中にはフェニトロチオンを分解できるものが知られているのだが，驚くべきことに，ホソヘリカメムシがこのようなバークホルデリア属細菌を体内に取り込んで共生すると，カメムシがフェニトロチオンに対する抵抗性を獲得するのだ．**図 6.5** はその実験結果の一部であるが，フェニトロチオンを分解できないバークホルデリア属細菌と共生するホソヘリカメムシにフェニトロチオンを投与すると，24 時間後には 8 割近い個体が死亡するのに対し，フェニトロチオンを分解できるバークホルデリア属細菌と共生するホソヘリカメムシは，投与後 24 時間経っても死亡した個体は 1 割弱であった (Kikuchi *et al*., 2012a; 菊池，2014)．フェニトロチオンを分解できる共生細菌を保持するカメムシでは体内で共生細菌がフェニトロチオンを分解し，その毒性を無効化しているのだろう．通常，昆虫が殺虫剤抵抗性を獲得するには昆虫自身のもつ遺伝子に変異が生じる必要があるが，ホソヘリカメムシでは自身の遺伝子はそのままでも，殺虫剤を分解できる細菌を体内に取り込んで共生することによって，殺虫剤抵抗性を獲得できるのである．これは害虫の殺虫剤抵抗性の獲得メカニズムとしてはこれまで考えられていなかったものであり，農学分野からも高い注目を集める研究成果となっている．

ところで，カメムシ上科のカメムシは共生細菌を垂直伝播によって維持しているのに，なぜホソヘリカメムシは共生細菌を垂直伝播するように進化しなかったのだろうか？　これは，進化生物学において今後解明すべき重要な問題の一つである．この問いを言い換えれば，共生細菌を垂直伝播せずに世代ごとに新たに獲得するメリットは何か？ということになるのだが，上述した殺虫剤抵抗性の獲得のように，宿主生物が外部から新しい遺伝子セットをまるごと獲得でき，それによって急速な形質変化を引き起こすことができる点は大きなメリットといえるだろう．

6.4 バークホルデリアと共生する他のカメムシ

ホソヘリカメムシは採集と飼育に比較的手間がかからず実験に使いやすいことから重点的に研究がおこなわれてきたが，バークホルデリア属の細菌と共生しているカメムシはホソヘリカメムシだけではない．ホソヘリカメムシ科および，その姉妹群であるヘリカメムシ科とツノヘリカメムシ科に属するカメムシは，これまで調べられた限りすべての種がバークホルデリア属の細菌と共生している．また，ナガカメムシ上科のイトカメムシ科，コバネナガカメムシ科，ヒョウタンナガカメムシ科，ヒゲナガカメムシ科，さらにはホシカメムシ上科のオオホシカメムシ科のそれぞれについても，大部分の種がバークホルデリア属の細菌と共生しているようである（Kikuchi *et al.*, 2011b; Takeshita *et al.*, 2015; Kuechler *et al.*, 2016; Gordon *et al.*, 2016）．これらのカメムシもホソヘリカメムシと同じように，世代ごとに環境中からバークホルデリア属の細菌を獲得して共生細菌としている可能性が高い．しかしサトウキビの害虫であるカンシャコバネナガカメムシ（コバネナガカメムシ科）では，基本的には環境中から共生細菌を取り込んでいるが，母親が共生細菌を卵表面に塗りつけることによる垂直伝播も低頻度ながら生じていることも知られており（Itoh *et al.*, 2014），個々の種について詳しく調べて確認する必要があるだろう．また，前節で紹介した共生細菌の機能については，ホソヘリカメムシ以外のカメムシでは研究例がなく，今後まだまだ面白い発見が出てくるかもしれない．

Box 7　就職活動の反省

現在，私は大学の助教というパーマネント職（任期のない職）に就くことができているが，この職に就く前はいわゆるポスドク，あるいは博士研究員と呼ばれる任期つきの研究職を約 11 年半勤め（途中の 8 ヶ月間は無給研究員，4 ヶ月間は技術職員だったので厳密にはポスドクを務めたのは 10 年半であるが），本書の内容は主にこの期間中におこなった研究の成果である．他のポスドクの方々がそうであるように，私もポスドク期間中は研究をしながらパーマネント職を目指して就職活動をしていたのだが，今思い返すと就職活動については大きく反省すべき点があったので，現在ポスドクをやっている人，これからポスドクになる人にとって何かしらの参考になればと思い，以下に挙げておきたい（ただし，いずれも私以外の人にとっては当たり前のことかもしれないので期待せずにお読みいただきたい）．

1．公募は積極的に応募すべき

これは特にポスドク時代の序盤についての反省である．ポスドクになって数年という時期はまだ自分の業績が少なく，自分のいる研究分野にはもっと業績の多い先輩ポスドクがいるので，応募してもどうせ無理だと考える人がいるだろう（たとえば昔の私）．また，貴重な時間を採用の見込みが薄い公募の応募書類作成に使うよりも，研究に使ったほうが就職への近道だと考える人もいるだろう（たとえば昔の私）．それでも公募というのは何が起こるかわからないものである．特に業績の絶対数というのはあまり気にする必要はなく，研究歴の年数に相応した数があれば先輩ポスドクとも勝負できると考えてよいと思う．就きたいと思うポジションの公募が出たら迷わず応募したほうがいい．

2. 公募の応募書類は誰かにコメントをもらうべき

私はポスドク 10 年目になるまで（公募の応募回数でいうと数十回分）は，応募書類を他人に見てもらうことはしなかったのだが，10 年目にして初めて応募前の書類を人に見てもらってコメントをいただいた．これはもっと早くに見てもらうべきだったと激しく後悔している．パーマネント職に就くことに関しては他人の力を借りずに自力で乗り越えたいと考える人もいるだろう（たとえば昔の私）．また，公募の応募書類の内容はたいていの場合自薦や自己アピールを含むものなので，それを近くの人に見てもらうのは小っ恥ずかしいと感じる人もいるだろう（たとえば昔の私）．しかし，公募の応募書類は誰かに見せて，コメントをもらって改訂したほうが間違いなくよいものになる．意見をもらう相手は，就職戦線を乗り越えてパーマネント職に就いている人で，できれば採用選考業務の経験がある中堅以上の人がよいだろう．そして無事に書類選考を乗り越えて面接に呼ばれたときは，やはり事前に誰かにプレゼンを聴いてもらって意見をもらったほうがよい．この場合は，まだパーマネント職に就いていなくても面接を受けた経験のある人の意見はかなり参考になると思う．

3. 自分を宣伝すべき

自分がどういう研究者で，どういう人間かというのを広く知っておいてもらったほうが何かにつけて有利だろう．私の周りを見ていると，これがうまくできている人は早くにパーマネント職に就けているし，パーマネント職に就けなくても次のポスドク職に困ることが少ないようである．具体的な方法としては，学会に積極的に参加して発表し，多くの人と議論し，自由集会などをオーガナイズし，夜の部（飲み会）で多くの人と知り合うのが有効だろう．方法としては月並と思われるかもしれないが，これを毎年，毎回しっかりやり続けることが大事だと思う．そういう人付き合いは苦手，という人の気持ちは理解できる．私もどちらかというと苦手である．人付き合いに時間を使うよりも研究に没頭するほうが幸せなんだけど……，と考えてしまう人がいるかもしれない（たとえば昔の私．今もときどき）．でも研究をこの先ずっと続けたいのであれば，人付き合いにも注力しなくてはならないのは間違いないようだ．

私の反省点は以上であるが，ポスドク時の就職活動として最も重要なのは，コンスタントに研究を進めて成果を挙げていくことだと信じている．私はこれだけはできていたと自負しており，これがあったから上記のような多大な反省点を抱えつつも何とかパーマネント職に就職できたのだと思っている．当たり前だが，不採用の通知がくると結構ショックである．書類選考を通過し面接に呼ばれたうえでの不採用だとショックの大きさはさらにその倍以上であり，恥ずかしい話だが私は悔しさのあまり涙を流してしまったこともある．そんなときは 1 日くらい気分転換してもいいだろう（私の場合はだいたいやけ食いして，酒を呑んだくれていたが）．でも次の日からは気持ちを切り替えて，また地道に研究を進めることを強くお勧めする．就職がなかなか決まらなくても研究成果が挙がっていれば，それが心の支えになって何とかなるような気がしてくるものである．

ヒメナガカメムシの共生細菌と菌細胞の進化

7.1 盲嚢を失ったカメムシ

前章の最後の節において，ヘリカメムシ上科，ナガカメムシ上科，ホシカメムシ上科に属する多くのカメムシが中腸の後端に盲嚢をもち，バークホルデリア属細菌と共生していると述べた．しかし，実はこれらの三つの上科に属していても，たとえばマダラナガカメムシ科やメダカナガカメムシ科，オオメナガカメムシ科，ヒメヘリカメムシ科，ホシカメムシ科などのように，バークホルデリア属の細菌と共生していないカメムシも多数存在している．**図 7.1** を見ていただきたい．星印をつけた科ではバークホルデリアとの共生が見られるのだが，黒丸をつけた科ではバークホルデリアとの共生が見られないのだ．バークホルデリアと共生していないカメムシは盲嚢内に他の種類の共生細菌を保持しているというわけではなく，盲嚢自体が存在しない，あるいは存在していても著しく小さくて内部に細菌が共生していないのである．盲嚢におけるバークホルデ

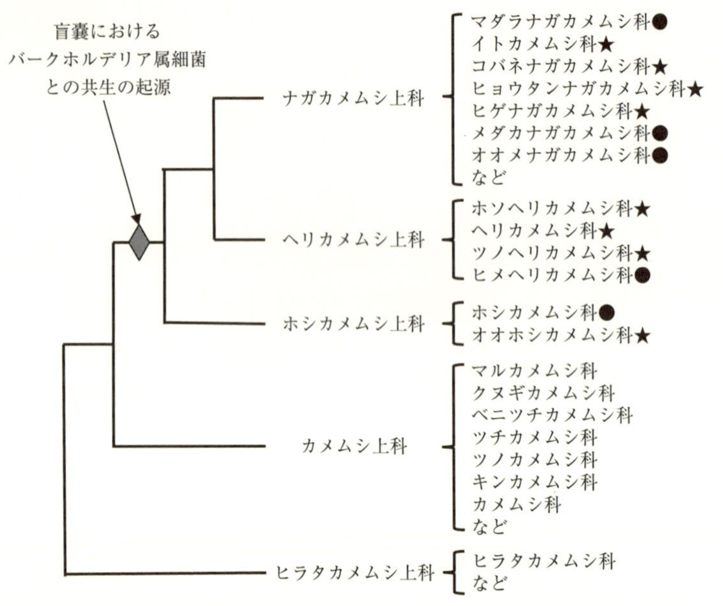

図 7.1　カメムシ下目の五つの上科の系統関係（Hua *et al.*, 2008 によるミトコンドリアの DNA 塩基配列に基づく系統樹を改編）とバークホルデリア属細菌との共生の分布

星印をつけた科のカメムシでは中腸の盲嚢部におけるバークホルデリア属細菌との共生が見られる．黒丸をつけた科のカメムシでは盲嚢部が消失しており，バークホルデリア属細菌との共生が見られない．

リア属細菌との共生が独立に複数回進化したとは考えにくいので，おそらくは図 7.1 に示したように三つの上科の共通祖先で 1 回だけバークホルデリア属細菌との共生が進化したのち，盲嚢の退化・消失が独立に複数回生じた可能性が高いだろう．では，これらの盲嚢を失ったカメムシは共生細菌の力を借りることなく生きているのだろうか？　それとも体の中の他の部分に共生細菌を保持しているのだろうか？　私のポスドク時代に同じ研究室に大学院生として在籍していた松浦 優さん（現・琉球大学熱帯生物圏研究センター）は博士論文の研究テーマとして，特にナガカメムシ上科のマダラナガカメムシ科に注目してこの問題に取り組んだ．また，まったくの偶然なのだが，松浦さんとほぼ同時期にドイツのバイロイト大学でも大学院生のステファン・クフラーさん（Stefan M. Kuechler）がやはりマダラナガカメムシ科のカメムシに注目して同じ問題に取り組んでいた．本章では彼らの研究成果をまとめて紹介したい．

7.2 ヒメナガカメムシ類の共生細菌

マダラナガカメムシ科は，ナガカメムシ上科に属する盲嚢を失っているグループの一つであるが（図 7.1），文献を見返すと，なんとこのグループのカメムシの体内には菌細胞が存在すると記されており，菌細胞塊のスケッチも描かれている（Schneider, 1940）．第 1 章で解説したように，菌細胞とは共生細菌を内部に棲まわせるための宿主昆虫の細胞である．カメムシ類以外の多くの昆虫は共生細菌を菌細胞の内部に保持しているのに対し，カメムシ類は共生細菌を腸内に保持している点がユニークで面白いということで，私や前章で紹介した菊池さんはさまざまなカメムシ類の腸内共生細菌を調べてきたのだが（その成果を第 2〜6 章に書いた），カメムシ類の中にも腸内ではなく菌細胞内に共生細菌をもつものがいるというのである．これは逆にユニークで面白い研究テーマになるのではないかということで，菊池さんが松浦さんに勧めたのが研究をスタートさせた経緯である．

マダラナガカメムシ科の中にはヒメナガカメムシ亜科という下位グループがあり，日本国内ではヒメナガカメムシやエチゴヒメナガカメムシなど数種が記録されている．どの種も体長は 4〜5 ミリ程度の細身のカメムシであり，全身灰褐色でとても地味なのだが（**図 7.2**A），いくつかの種は個体数がとても多いので，キク科の花など

(A)

(B)

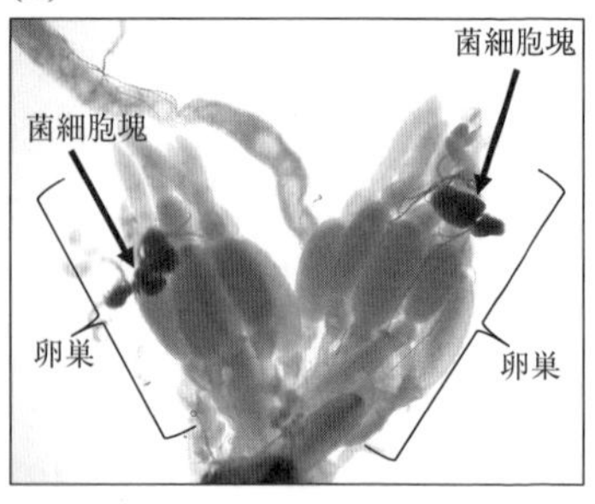

(C)

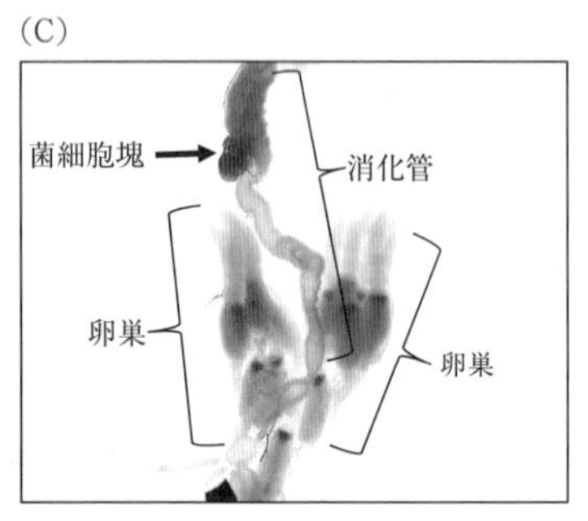

図 7.2 マダラナガカメムシ科のカメムシ

A. ヒメナガカメムシの成虫. B. ヒメナガカメムシのメス成虫の菌細胞塊. C. ウスイロヒラタナガカメムシのメス成虫の菌細胞塊. 写真提供：松浦 優博士. → 口絵 13

で探せばすぐに見つけることができるカメムシである. ヒメナガカメムシ類の腹部を解剖して消化管を観察すると, 盲嚢はほぼ完全に退化している. しかし腹部の内部を見たときにすぐに目につくのが, 地味な体色とは対照的な濃赤色で非常に目立つ器官である（図 7.2B）. これがまさに上述の文献にスケッチがあった菌細胞塊であり, 電子顕微鏡で内部を観察すると, 菌細胞の細胞質は確かに共生細菌で埋め尽くされていた. 松浦さんは日本産のヒメナガカメムシ類 4 種の共生細菌の特徴について詳しく調べ, この共生細菌はガンマプロテオバクテリア綱に属するものであり, バークホルデリア属の細菌（ベータプロテオバクテリア綱）とはまったく異なる系統の細菌であること，メス成虫の卵巣において卵母細胞に垂直伝播されること，分子系統樹上で単系統群を形成すること，宿主カメムシと共種分化していること，約60万塩基というかなり小さいゲノムサイズをもつことなどを明らかにした．そしてこの共生細菌には，上述の文献の著者の名にちなんでシュナイデリア（*Schneideria*）という名をつけることにした．

7.3 菌細胞の複数回進化

松浦さんが前節で紹介した研究成果を出し始めた頃，ドイツのクフラーさんが先んじてマダラナガカメムシ科のカメムシにおける菌細胞内の共生細菌についての論文を発表した（Kuechler *et al*., 2010）．我々と同様にクフラーさんもまた，Schneider の文献を見て菌細胞をもつカメムシの存在に気づいていたのだ．松浦さんとしては先を越されたかたちになってしまったのだが，彼にとって幸いだったのは，クフラーさんが最初に目をつけて論文で発表したのはマダラナガカメムシ科のカメムシではあったが，ヒメナガカメムシ亜科ではなく，ホソクチナガカメムシ亜科という別の亜科に属するウスイロヒラタナガカメムシだったことである．クフラーさんの論文に掲載されている写真を見ると，ウスイロヒラタナガカメムシの菌細胞塊はヒメナガカメムシ類の菌細胞塊とは大きく異なった特徴をもっていた．ヒメナガカメムシ類の菌細胞塊は腹部体腔内の左右に1対存在し，つまり1頭のカメムシがもつ菌細胞塊は二つである（図7.2B）．これに対して，ウスイロヒラタナガカメムシの菌細胞塊は，腹部のほぼ正中線上に位置する1つだけなのである（図7.2C）．さらに，ヒメナガカメムシ類の菌細胞塊はオスでは精巣，メスでは卵巣のすぐそばにあることから生殖巣の細胞に起源することが予想されるのだが，一方で，ウスイロヒラタナガカメムシの菌細胞塊は生殖巣のそばではなく消化管のそばに位置しており，消化管の細胞が起源のように思える．また，菌細胞塊の見た目もはっきりと違っており，ヒメナガカメムシ類の菌細胞塊は濃赤色で表面はのっぺりとしているが，ウスイロヒラタナガカメムシの菌細胞塊は薄いピンク色で小さい粒が集まったラズベリーのような見た目をしている．菌細胞内の共生細菌の分子系統解析によって，両者の共生細菌は異なる起源をもつことも示された．これらの根拠から，ヒメナガカメムシ類とウスイロヒラタナガカメムシではそれぞれで独立に菌細胞が進化したと考えられる．松浦さんは，先に発表されたウスイロヒラタナガカメムシの共生系をヒメナガカメムシ類の共生系と比較することによって，「盲嚢を失ったマダラナガカメムシ科のカメムシでは菌細胞が独立に複数回進化している」というSchneiderの文献にも書かれていなかった新発見を発表することができたのだ（Matsuura *et al*., 2012a; 松浦，2011, 2014）．さらに松浦さんは，マダラナガカメムシ科に属する第3のグループであるマダラナガカメムシ亜科の中には盲嚢も菌細胞もなく，共生細菌をもたないカメムシが存在することも発見して同じ論文で発表した（**図7.3**）．一方その後のクフラーさんはというと，マダラナガカメムシ科だけでなく，コバネナガカメムシ科やオオメナガカメムシ科などにも菌細胞をもつカメムシが存在することを報告し，ナガカメムシ上科の中には，(1)盲嚢にバークホルデリア属の細菌を共生させているカメムシ，(2)盲嚢が消失し，菌細胞内に共生細菌をもつカメムシ，(3)盲嚢も菌細胞もなく共生細菌をもたないカメムシ，の三つのタイプのカメムシが複雑に入り乱れて存在していることをまとめている（Kuechler *et al*., 2011, 2012）．

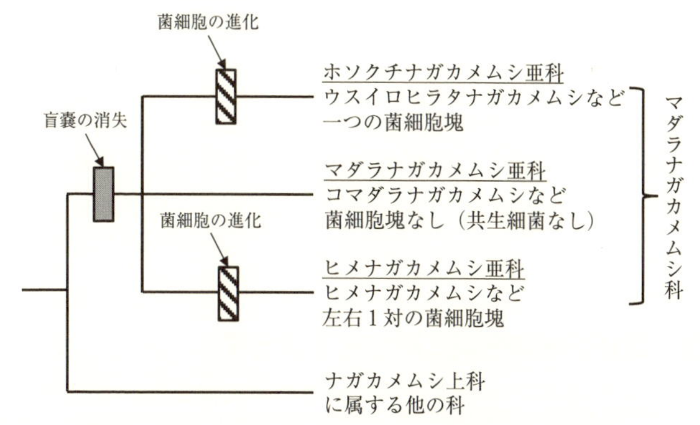

図7.3　マダラナガカメムシ科における菌細胞の複数回進化
Matsuura *et al*. (2012a) による図を改編．なお，マダラナガカメムシ亜科でも一部のカメムシでは菌細胞が進化していることがその後の研究でわかっている（Kuechler *et al*., 2012）．

7.4 菌細胞内の共生細菌の機能

ナガカメムシ上科の菌細胞をもつカメムシは，盲嚢におけるバークホルデリア属細菌との共生をやめ，その代わりに菌細胞に新たな共生細菌をもつようになったと考えられるわけだが，そうなると菌細胞内の共生細菌の機能が気になるところである．しかし残念ながら，現在のところこれらの共生細菌がどのような機能をもつのかは未知であり，松浦さんが飼育実験や共生細菌の全ゲノム解析をおこなっているところである．ナガカメムシ上科における菌細胞内の共生細菌としては，ヒメナガカメムシ類の共生細菌とウスイロヒラタナガカメムシの共生細菌の他に，三種類の共生細菌が報告されており，これら5種類の共生細菌はそれぞれ進化的起源が異なっている（Kuechler *et al*., 2012）．これらの5種の共生細菌は，すべて共通した機能をもっているのだろうか？　また，その機能は盲嚢内に共生するバークホルデリア属細菌と同じなのだろうか？　そして，ナガカメムシ上科に属するカメムシにおいて，共生細菌をもつカメムシと共生細菌をもたないカメムシの間には栄養生理の面でどのような違いがあるのだろうか？　ナガカメムシ上科のさまざまなカメムシを対象にして，共生細菌のゲノムや宿主カメムシの栄養生理を比較すると，面白い発見につながるのではないかと今後の研究成果に期待している．

7.5 菌細胞塊の形成に関与する遺伝子

松浦さんによるヒメナガカメムシ類の共生細菌の研究では進化発生学においても非常に重要な発見があったので，ここでぜひ紹介しておきたい．菌細胞塊という器官は細菌と共生するために一部の昆虫類だけが特別に獲得したものであり，その形成にどのような遺伝子が関与しているのかは長年の謎であった．菌細胞をもつ昆虫のモデル生物ともいえるエンドウヒゲナガアブラムシにおいて，各種のホメオティック遺伝子[1)]の産物が菌細胞に局在するという報告が唯一の知見であったが（Braendle *et al*., 2003），アブラムシ類では遺伝子の機能解析方法が確立されていないため，さらに踏み込んだ研究ができていなかった．

遺伝子の機能を解析する方法の一つに，RNA 干渉法（RNAi と呼ばれることが多い）がある．機能解析をしたい遺伝子の塩基配列に対応する二本鎖 RNA を人工的に合成して生物の体内に導入すると，対象遺伝子の発現を抑制できるというものである．ただし，この手法は生物の種類によってはほとんど効果が得られないという欠点があり，アブラムシ類ではまさにこの問題が原因で遺伝子の機能

---

1) 多くの生物に共通して見られる遺伝子群で，一般的には胚発生時における前後軸の決定や，各体節の特徴の決定に関与している．

解析ができていなかった．ところが我々にとって非常にラッキーなことに，カメムシ類では一般的に RNA 干渉法がよく効くのである (Futahashi *et al*., 2011; Moriyama *et al*., 2016)．さらにマダラナガカメムシ科のカメムシでは，メスの成虫に二本鎖 RNA を導入すると，そのメスが産んだ卵でも遺伝子の発現を抑えられることも知られている (Angelini & Kaufman, 2004)．

松浦さんがヒメナガカメムシの胚発生時における菌細胞塊の形成過程を観察したところ，卵は産卵された直後から胚発生が進むがこの段階ではまだ菌細胞はなく，72〜84 時間ほど経つと胚の前後軸に沿って左右 6 対の菌細胞塊原基が形成され，その後それらが融合して，120 時間後までには左右 1 対の菌細胞塊が完成することがわかった (**図 7.4**) (Matsuura *et al*., 2015; 松浦，2014)．そこで上述の RNA 干渉法を使い，胚発生時においてさまざまなホメオティック遺伝子の発現を抑制してみたところ，ウルトラバイソラックスと呼ばれる遺伝子の発現を抑制したときは菌細胞塊原基が形成されず，最終的に菌細胞塊も形成されなかった．さらに，アンテナペディアと呼ばれる遺伝子の発現を抑制すると，菌細胞塊は形成されるがその位置に異常が生じ，アブドミナル A と呼ばれる遺伝子の発現を抑制すると，菌細胞塊原基の融合が不完全になった．これらの結果から，ヒメナガカメムシのいくつかのホメオティック遺伝子は，胚発生時の前後軸や体節の決定という本来の機能に加えて菌細胞塊の形成にも転用されていると考えられる (Matsuura *et al*., 2015)．ヒメナガカメムシにおいて明らかになった菌細胞塊の形成メカニズムが，ヒメナガカメムシ類だけで見られるものなのか，それとも菌細胞塊をもつ他のカメムシやカメムシ以外の昆虫でも共通するものなのかは非常に興味深いところであり，今後の研究が待たれている．

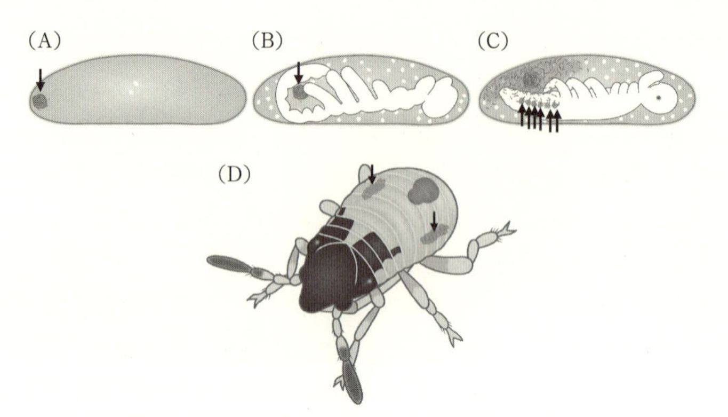

図 7.4　ヒメナガカメムシにおける菌細胞塊の形成過程

A. 産卵直後の卵．菌細胞はまだ存在しないが，卵内の一部に共生細菌が集積している（矢印）．B. 産卵から約 60 時間経った卵．内部では胚発生が進んでいるが，菌細胞はまだ形成されておらず，胚の外部に共生細菌が集積している（矢印）．C. 産卵から 72〜84 時間経った卵．胚の内部に左右 6 対の菌細胞塊原基（矢印）が形成され，集積していた共生細菌が菌細胞塊原基に移動する．D. 卵から生まれた 1 齢幼虫．腹部に 1 対の菌細胞塊が完成している（矢印）．イラスト：松浦千晶氏．

7.6　ヘリカメムシ上科とホシカメムシ上科の盲嚢を失ったカメムシ

この章ではナガカメムシ上科での盲嚢を失ったカメムシについて見てきたが，ホシカメムシ上科とヘリカメムシ上科にもそれぞれ盲嚢を失ったグループが知られているので（図 7.1），これらについても簡単に紹介しておきたい．まずホシカメムシ上科だが，ホシカメムシ科に属するカメムシでは盲嚢が完全に消失しており，バークホルデリア属の細菌との共生が見られない．このグループのカメムシには菌細胞塊は存在しないようだが，一部のカメムシには中腸の中ほど，他のカメムシで盲嚢が発達している部分よりも少し前側に大きく膨らんだ部分があり，その内腔（細胞外）に 2 種類の細菌が共生していることが報告されている．これらの共生細菌についてはドイツのマックスプランク研究所で精力的に研究されており，どちらも放線菌門に属する細菌であること，宿主カメムシの成長に必要なビタミンB類を合成していること，卵表面塗布によって垂直伝播されることなどがわかっている（Kaltenpoth *et al.*, 2009; Salem *et al.*, 2014; Sudakaran *et al.*, 2015）．一方のヘリカメムシ上科だが，ヒメヘリカメムシ科のカメムシでは盲嚢が消失しており，バークホルデリア属の細菌と共生していない（Kikuchi *et al.*, 2011b）．しかしこのグループのカメムシが菌細胞塊をもっているかどうかや，他の器官に共生細菌を保持しているかどうかについてはまだ調べられておらず，今後に確認すべきグループである．

Box 8　二次共生細菌

本編中にも何度か書いたが，エンドウヒゲナガアブラムシは共生の研究におけるモデル生物として古くからよく研究されている．その菌細胞内にはブフネラが共生しているのだが，実はエンドウヒゲナガアブラムシの体内にはブフネラに加えて他の細菌も共生していることが知られ，セラチア（*Serratia*），ハミルトネラ（*Hamiltonella*），レジエラ（*Regiella*）などが代表的な例である．ブフネラが一次共生細菌（primary symbiont）と呼ばれるのに対して，その他の共生細菌はまとめて二次共生細菌（secondary symbiont）と呼ばれている．二次共生細菌は，一般的にアブラムシ体内の特定の細胞や体液中に共生しており，ブフネラとは空間的な棲み分けが生じている．また，二次共生細菌はブフネラと同じように，母親の体内で初期胚に取り込まれることで垂直伝播されている（Koga *et al.*, 2012）．

ブフネラは宿主の成長に必須な栄養分を合成しているが，二次共生細菌は基本的にはそのような機能はもっていない．したがって，アブラムシは二次共生細菌をもたなくても生存可能であり，実際，野外のアブラムシ集団中には二次共生細菌をもたない個体も存在している．しかし，アブラムシの生育環境によっては二次共生細菌が驚くべき機能を発揮し，宿主に多大な利益をもたらすことがある．たとえば，セラチアやハミルトネラと共生しているとアブラムシは暑さに強くなり，高温条件下でも生存や繁殖が可能になる（Montllor *et al.*, 2002; Russell & Moran, 2006）．また，エンドウヒゲナガアブラムシは通常シロツメクサを餌にすると繁殖力が著しく下がってしまうが，体内にレジエラを保持しているとシロツメクサを餌にしても問題なく繁殖できるようになる（Tsuchida *et al.*, 2004）．さらには，宿主アブラムシを寄生蜂や病原菌といった天敵から守る二次共生細菌（Oliver *et al.*, 2003; Scarborough *et al.*, 2005）や，宿主アブラムシの体の色を変える二次共生細菌（Tsuchida *et al.*, 2010; 土田，2011）なども知られている．なお，二次共生細菌には宿主に利益をもたらすものだけではなく，宿主の成長や繁殖に悪影響を与えるものも含まれる（Sakurai *et al.*, 2005）．エンドウヒゲナガアブラムシにおけるこれらの二次共生細菌の機能については，土田（2014）に詳しい解説がある．

カメムシ類においても腸内の共生細菌や菌細胞内の共生細菌を一次共生細菌，それ以外の共生細菌を二次共生細菌と見なすことができ，現在のところボルバキア（*Wolbachia*），ラリスケラ（*Lariskella*），スピロプラズマ（*Spiroplasma*），リケッチア（*Rickettsia*），ソダリス（*Sodalis*）の 5 種が知られている（Kikuchi & Fukatsu, 2003; Kaiwa *et al.*, 2011; Matsuura *et al.*, 2012b; Matsuura *et al.*, 2014; Hosokawa *et al.*, 2015a）．これらの二次共生細菌がカメムシ類の体内にどのように分布しているのかについては詳しく調べられていないが，いずれもメスの卵巣に存在していることは確認されており，おそらくは卵巣で卵母細胞に取り込まれることで，母親から子へと垂直伝播されているのではないかと考えられている．そして気になる二次共生細菌の機能なのだが，実はカメムシ類においてはまだまったく研究に手がつけられていない状態であり，今後に面白い発見がなされる可能性が高いのではと考えている．

8

トコジラミの共生細菌と寄生から相利共生への進化

8.1 血を吸うカメムシ

最後の章を飾ってもらうカメムシは，トコジラミ類である．トコジラミ類とはトコジラミ科に含まれる70数種のカメムシを指すものとし，そのグループを代表する種となっているのがトコジラミ *Cimex lectularius* である．トコジラミ類は前章までに登場したカメムシとは系統的に大きく離れているので，まずはその分類学的位置について解説しておこう．前章までに登場したすべてのカメムシたちが，カメムシ亜目の下位分類群であるカメムシ下目に含まれるのに対し，トコジラミ科はカメムシ亜目内の別グループであるトコジラミ下目に属している．トコジラミ下目はカメムシ下目の姉妹群と考えられており，トコジラミ科の他にサシガメ科やカスミカメムシ科，ハナカメムシ科などが含まれるグループである（Schuh & Slater, 1995）．

次にトコジラミ類の特徴だが，どの種も体は全身赤みがかった茶

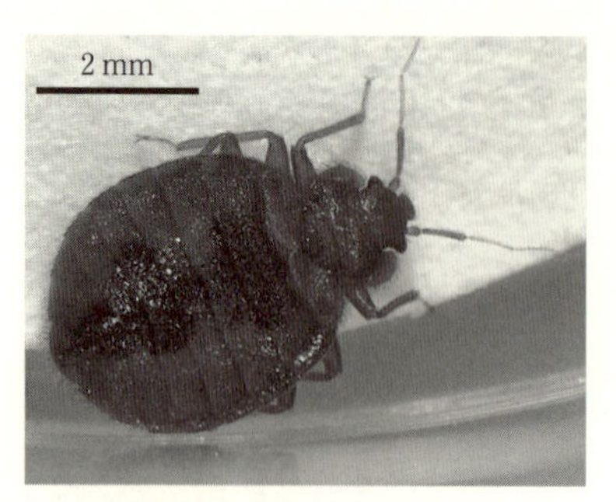

図 8.1　トコジラミのメス成虫
翅はほとんど完全に退化しており，成虫も飛ぶことができない．

褐色で平べったく，翅がほとんど完全に退化していて飛ぶことはできない（**図 8.1**）．そして注目すべきはその食性である．トコジラミ類はすべての種が吸血性であり，生涯を通じて脊椎動物の血液のみを餌にして生活している．口は他のカメムシと同様にストロー状の構造をしており，それを寄主生物の皮膚に突き刺して血液を吸うのである．トコジラミ類の大部分の種がコウモリ類を寄主として吸血しているが，代表種のトコジラミを含む一部の種は鳥類やヒトから吸血している．カメムシ亜目全体の中では吸血性が見られるグループはごくごく少数派であり，トコジラミ類の他に，サシガメ科の一部の種とコウモリヤドリカメムシ科（いずれもトコジラミ下目）だけである．

ここで，第 1 章の冒頭で紹介したツェツェバエ類と共生細菌の話を思い出してもらいたい．ツェツェバエ類は吸血性のハエであり，餌である脊椎動物の血液にはビタミン B 類が不足しているので，共生細菌にビタミン B 類を合成してもらい栄養不足を回避していることを解説した．トコジラミ類も脊椎動物の血液だけを餌としているということは栄養状態としてはツェツェバエ類とまったく同じ状況にあり，そのままではビタミンB類不足に陥ってしまうはずである．そう考えると，このカメムシも体内に共生細菌をもち，ビタミンB類を合成してもらっていることは容易に予想できるだろう．実際，トコジラミの体内には菌細胞塊が存在すること，そしてその内部には共生細菌が存在することはかなり古くから知られている（図1.2参照）（Buchner, 1965）．しかしトコジラミの共生細菌の研究はその後あまり進んでおらず，それがどのような系統の細菌であり，本当にビタミンB類を合成しているのかどうかについては私が研究を始めた時点でも不明のままであった．私は事前に何かしらの目論見があったわけではなく，ひょんなことからトコジラミの共生細菌の研究を始めたのだが，幸運なことに思いもよらぬ発見にたどり着くことができた（Hosokawa *et al*., 2010b; 細川，2011b, 2015）．次節以降ではその発見に至るまでの経緯と発見の内容を紹介したい．

8.2 トコジラミの共生細菌の正体

前節にも書いたとおり，トコジラミ類の代表種であるトコジラミは我々人間からも吸血するカメムシである．トコジラミによる吸血は激しい痒みを引き起こし，また病原微生物の感染を伴う可能性があることから，古くから不快害虫あるいは衛生害虫として扱われてきた[1)]．以前は我々の生活範囲内に数多く生息しており，決して珍しい昆虫ではなかったらしいのだが，第二次大戦後にDDTなどの化学合成殺虫剤を使った大規模な駆除がおこなわれてからは，個体数が激減してほとんど見かけることのない生き物になってしまっ

1) トコジラミの吸血が病原微生物の感染を引き起こす可能性については数多くの研究がおこなわれてきたが，現在のところ深刻な病原微生物の感染を引き起こす証拠は得られていない．

た[2]．私も研究を始めるまでは実物のトコジラミを見たことは一度もなかったのだが，出会いはある日突然やってきた．

日本原色カメムシ図鑑の第2巻（安永ら，2001）はトコジラミ下目のカスミカメムシ科とハナカメムシ科の種が豊富に掲載されている図鑑だが，その末尾にトコジラミ類も掲載されている．そしてトコジラミについての説明の中に「最近，東京農業大学の畜舎に多数個体生息しているのが発見された」と書かれてある．これを見つけた菊池義智さん（第6章参照）は，東京農大の昆虫学研究室に連絡をとってトコジラミのサンプルを譲ってもらっていた．ただ，彼は共生細菌の研究をしたいと思ってトコジラミを入手したのではなく，カメムシ下目に属するカメムシの分子系統樹を描くにあたってよい外群となるカメムシを探していたのだ．菊池さんがトコジラミを入手した2004年の夏，私は遺伝子のクローニングとDNAシーケンス，および分子系統解析によってカメムシの共生細菌を分子生物学的に同定する手法を彼から習っているところであった．菊池さんが私に「これで練習してみます？」といってトコジラミの入ったチューブを差し出してきたのが私とトコジラミとの出会いであり，研究の始まりである．

私がトコジラミの共生細菌の研究を始めたとき，トコジラミの菌細胞内の共生細菌の系統について調べた研究はなかったが，トコジラミの卵巣に存在する細菌の系統について調べた研究はすでに論文として発表されていた（Hypsa & Aksoy, 1997）．この先行研究が卵巣だけを調べ，菌細胞塊については調べなかった理由はわからないが，第1章で解説したように菌細胞内の共生細菌は一般的に卵巣

---

[2] 近年は再興しつつあり，日本を含む先進諸国においても被害報告件数が増えてきている（トコジラミ研究会，2013）．

において卵原細胞や胚に垂直伝播されるので，菌細胞内の共生細菌が卵巣からも検出される可能性はある．先行研究の実験結果によると，トコジラミの卵巣内には2種の細菌が存在しており，一種はアルファプロテオバクテリア綱に属するボルバキア属（*Wolbachia*）の細菌，もう一種はガンマプロテオバクテリア綱に属する未命名の細菌（以下ではガンマ共生細菌と呼ぶ）とのことだった．ボルバキアとは，昆虫類を含む多くの節足動物とフィラリア線虫という非常に幅広い生物に感染する共生細菌であり，陸上の全節足動物の約40% の種に感染していると推定されている（Zug & Hammerstein, 2012)．フィラリア線虫では必須相利共生細菌と考えられているが（Foster *et al.*, 2005)，節足動物においては体全体のさまざまな器官の細胞内に感染し，一般的に宿主に害を与える寄生的共生細菌，あるいは特に目立った害を引き起こさない日和見共生細菌として知られている．特に寄生的共生細菌になっている宿主では生殖操作と呼ばれる非常に興味深い現象[3]が観察されるため，古くから注目を集めて研究されてきた共生細菌である．上述の先行研究ではトコジラミに感染しているボルボキアが宿主にどのような影響を与えているのかについては調べられておらず，また，ガンマ共生細菌についてはヨコバイ類の二次共生細菌と近縁であることからトコジラミにおいても二次共生細菌であろうと考察されている（二次共生細菌に

---

[3] ボルバキアが引き起こす生殖操作は以下の①～④の四つに分類される．①宿主のオスをメスに変える“メス化”，②宿主のオスだけを胚あるいは若齢期に死亡させる“オス殺し”，③ハチ類などの半数倍数性の性決定様式をもつ生物において，通常オスになるはずの半数体のゲノムを倍加させてメスにする“産雌性単為生殖”，④感染オスが非感染メスと交配したときのみ，その受精卵を死亡させる“細胞質不和合”．いずれもボルバキアが自身の感染を広げるための利己的な戦略と考えられており，進化生物学的に大変興味深い現象なのだが，詳細は他の解説（陰山，2014, 2015）に譲りたい．

ついてはBox 8参照）．そして，トコジラミの菌細胞内の共生細菌についてはボルバキアでもガンマ共生細菌でもない第三の細菌ではないかと推測されており，その細菌を検出して同定するにはさらなる実験が必要であるという文章で先行研究の論文は締めくくられていた．

さて，私の研究の最初の目的はその第三の共生細菌，すなわち菌細胞内の共生細菌を検出して同定することであった．そのためにおこなった実験の手順を簡単に説明すると，以下である．まずはトコジラミを解剖して菌細胞塊だけを摘出し，そこからDNAを抽出した．次に，そのDNAサンプルに含まれる菌細胞内の共生細菌の16S rRNA遺伝子をPCRによって増幅し，そのPCR産物をクローニングしたのちにDNAシーケンスによって遺伝子の塩基配列を決定した[4]．ここまでの実験は何の問題もなく進行し，得られた塩基配列が先行研究では検出できなかった第三の細菌の塩基配列だろうと期待したのだが，結果は期待とは異なっていた．BLASTと呼ばれる相同性検索をおこなうことによって，実験で得られた塩基配列と類似の配列をデータベース[5]の中から探し出すことができるのだが，その結果，私の実験で得られた塩基配列は先行研究でトコジラミの卵巣から検出されたボルバキアの遺伝子の塩基配列と完全に一

---

4) 共生細菌を分子生物学的に同定する場合，まずは昆虫組織から抽出した微量のDNAを解析可能な量に増やすために，対象とする遺伝子のDNAをPCRで増幅する．このときサンプル内に複数の細菌が混ざっていると複数種のDNA断片が増幅され，このままでは塩基配列の解析ができない．そこでPCRで増幅したDNA断片のうちの個々の断片をクローニングという技術で単離して，それをさらに増幅する．最後にDNAシーケンスという技術によって対象となる遺伝子の塩基配列を明らかにし，既知の塩基配列との比較や分子系統解析をおこなう．

5) 既知の遺伝子の塩基配列が登録されているデータベースが公表されており，DDBJやGenBankなどがある．

致するものだったのだ．他の個体の菌細胞塊を使って実験を繰り返してみたが何度やっても結果は同じであった．なお，菌細胞塊だけでなく卵巣についても同様の実験をおこなってみたのだが，こちらはボルバキアとガンマ共生細菌の両方の塩基配列が得られるという先行研究と同じ結果になった．

この結果を素直に解釈するならば，トコジラミの菌細胞内の共生細菌はボルバキアであると考えられる．そして菌細胞内の共生細菌ということは，おそらくこのボルバキアがビタミンＢ類を合成しており，宿主であるトコジラミと必須相利共生の関係にあると予想される．ボルバキアが宿主昆虫に利益をもたらす例は，メカニズムはよくわかっていないものの，いくつかの報告がある（Teixeira *et al*., 2008 など）．しかし，菌細胞内に共生して宿主昆虫に必須栄養分を供給するボルバキアというのは前代未聞であり，私にはにわかには信じがたいものであった．これは私にとってだけでなく，おそらく他の研究者にとっても同じだったのではないかと思う．先行研究が菌細胞内の共生細菌を調べずに卵巣だけを調べた理由はわからないと書いたが，実は先行研究でも私と同じように菌細胞塊についても調べており，私と同じ実験結果を得ていたのではないだろうか．そして先行研究の著者らもやはり菌細胞内の共生細菌がボルバキアであることが信じられなかったので，菌細胞塊についての実験結果は発表せずに，卵巣の実験結果のみを論文で発表したのではないだろうか．これは私の勝手な想像であり，実際どうだったのかはわからないのだが．

とにもかくにも，この実験結果だけに基づいて“トコジラミの菌細胞内の共生細菌はボルバキアである”と突拍子もない主張をしても多くの人には信じてもらえず，論文を書いて学術雑誌に投稿しても“根拠に乏しい”という評価で受理されない可能性が高い．従来の常識を覆す現象を発表するにはもっと説得力のあるデータが必要なのだ．そこで次に通称 FISH（フィッシュ）と呼ばれる蛍光インサイチューハイブリダイゼーションという技術を使った顕微鏡観察をおこなうことにした．FISH では共生細菌の細胞内に存在する RNA に特異的に結合する蛍光標識プローブを用いることで，宿主昆虫の体内のどこに共生細菌が分布しているのかを視覚的に示すことができる．非常に幸いなことに，この技術において世界的に秀でている古賀隆一さん（産業技術総合研究所主任研究員）が同じ研究室にいたので，彼に共同研究者として実験をやってもらうことにした．すると，結果は期待以上に迅速に，そして美しいデータとして得られた．トコジラミの菌細胞の細胞質全体がボルバキアの RNA に結合したプローブの蛍光標識で埋め尽くされていたことから，菌細胞内にはボルバキアがびっしりと詰まっていることがうかがえた（**口絵 14**A）．また菌細胞塊以外の器官でボルバキアが存在しているのは卵巣だけであることも明らかとなった（口絵 14B）．念のために定量的 PCR 法[6]によるボルバキアの検出もおこなったのだが，やはりボルバキアは菌細胞塊と卵巣にしか存在しないという結果であった．これらの実験結果はトコジラミの菌細胞内の共生細菌がボルバキアであることを明確に示すものであり，もはや反論の余地はないだろう．それまでの私の研究歴において最大の発見だと感じたので大興奮であった．まだ調べるべきことはたくさんあったが，この段階からすでに私の頭の中では一流科学雑誌の名前が泳ぎ始めていた．なお，FISH によってガンマ共生細菌の体内分布も調べたところ，ガンマ共生細菌は体全体のあちこちの器官の細胞内に点々と

---

[6] 対象遺伝子のコピー数を測定する方法．これによってサンプル中の共生細菌の量を推定することができ，通常の PCR よりも高感度で共生細菌を検出することができる．

分布しており，特に卵巣小管の基部とマルピーギ管の細胞内に高密度で存在していた．

8.3 トコジラミとボルバキアの関係

前節で紹介した一連の実験によって，トコジラミの菌細胞内に共生する細菌がボルバキアであることは完全に証明できたわけだが，このボルバキアがトコジラミと相利共生関係にあることが示されたわけではない．これまで研究されてきた昆虫における菌細胞内の共生細菌はすべて相利共生細菌であると考えられているが，トコジラミの菌細胞内に共生するボルバキアが寄生的共生細菌や日和見共生細菌になっている可能性はゼロとはいえないだろう．過去の研究で，トコジラミを高温に曝すことによって体内の共生性細菌を取り除くと成長や繁殖ができなくなったという報告はあるのだが(Chang, 1974)，この実験ではボルバキアを取り除いた影響を見ているのか，ガンマ共生細菌を取り除いた影響を見ているのかが不明である．トコジラミからボルバキアだけを取り除いたときも同様の結果になるのならば，トコジラミとボルバキアが相利共生関係にあるといえるだろう．宿主昆虫の体内に複数の細胞内共生細菌が存在している場合，そのうちの1種のみを実験的に取り除くことは可能ではあるが，実験の条件設定にかなりの手間がかかる．しかし以下で説明するように，私はこの問題を非常にラッキーなかたちでクリアすることができた．

前節では東京農業大学の畜舎（厳密にはウズラの飼育小屋）に生息しているトコジラミを入手したことを書いたが，その後に一般財団法人日本環境衛生センター内の研究室で飼育系統が維持されていることを知り，その飼育個体も入手できていた（以降ではそれぞれ農大系統，センター系統と記す）．センター系統のトコジラミについてもまずは前節で説明した方法で体内の共生細菌を調べたのだが，興味深いことに農大系統とは少し異なる結果が得られた．ボルバキアが菌細胞内の共生細菌であることは両系統で共通していたのだが，センター系統のトコジラミではガンマ共生細菌が体内のどこにも存在していなかったのだ．この結果を受けて，改めて個体単位で調査したところ，農大系統では調査した48個体の96%にあたる46個体が体内にガンマ共生細菌を保持していたのに対し，センター系統では46個体を調べてガンマ共生細菌を保持している個体はゼロであった．この結果は，トコジラミはガンマ共生細菌を保持していなくても生存や繁殖が可能であること，すなわちガンマ共生細菌はトコジラミの二次共生細菌と見なせることを示している．私はこのボルバキアしか存在していないセンター系統を使って実験することで，ボルバキアを取り除いたことによる影響を簡単に調べることができたのである．

ボルバキアを取り除いた影響を調べるにはトコジラミを飼育する必要があるのだが，次にトコジラミへの餌のやり方について説明したい．上述の日本環境衛生センターでは，トコジラミに生きたマウスから吸血させて飼育していた．これと同じ方法ならば確実にうまくいくわけだが，生きたマウスを扱うには動物実験の手続きやマウスの管理などいろいろ面倒がかかりそうだし，多量の吸血によってマウスが死に至ることは気分的にやや抵抗があった．何より，後述する実験をおこなうにあたってこの方法では都合の悪い点があった．そこで，吸血性昆虫の飼育法に関する文献（Montes *et al*., 2002など）を参考にして以下の方法を確立した．まず餌にする血液だが，実験用の培地などを生産しているメーカーが動物の血液を瓶詰めにして販売している．ウマ，ウシ，ヒツジなどさまざまな動物の血液が入手可能であったが，価格および実際にトコジラミに与

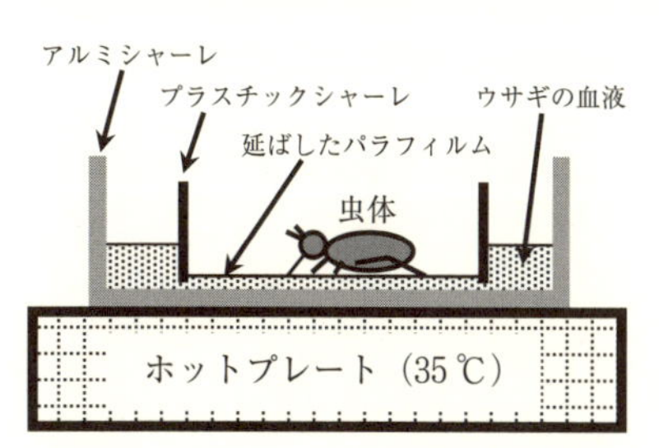

図 8.2　トコジラミの人工給餌システム
Hosokawa *et al*. (2010b) による図を改編.

えてみた様子から判断すると，ウサギの血液がベストであった．しかし単に血液をトコジラミの目の前に滴下しても決して吸ってくれることはなく，少々の細工が必要である．細工のポイントは二つあり，一つは血液を人肌程度に温めること，もう一つは皮膚を模した膜越しに吸わせることである．金属製のシャーレとホットプレート，そしてパラフィルム[7]を使い，**図 8.2** に示したような人工給餌装置で吸血させることにした．

さて，話を本筋に戻そう．調べたいことは，トコジラミからボルバキアを取り除くとどうなるかである．カメムシ類の腸内共生細菌の場合であれば，卵から生まれた幼虫に共生細菌を取り込ませないようにすれば共生細菌を保持しない個体を実験的に作成することができるのだが，この方法は垂直伝播がメス親体内で起こる菌細胞内の共生細菌の場合では使えない．菌細胞内の共生細菌を宿主昆虫から取り除くのに一般的に使われる方法は，微生物の生育を阻害する抗生物質の投与である．抗生物質にはさまざまなタイプのものがあるが，細菌類の RNA 合成を阻害するリファンピシンという抗生物

[7] 科学実験で一般的に使われている伸展性のある膜．フラスコやビーカーなどの口をシールするのが主な使途．

図 8.3　トコジラミの卵

上段三つはボルバキアを保持するメスが産んだ卵．内部で胚発生が正常に進んでおり，眼が透けて見える（矢印）．下段三つは抗生物質の投与によってボルバキアを取り除いたメスが産んだ卵．産卵後，数日のうちに黒化して潰れる．

質を餌の血液に混ぜ，それをトコジラミに吸わせると体内のボルバキアをほぼ完全に取り除けることが予備実験でわかった（ちなみにこの実験は上述の人工給餌装置を使っていたので簡単にできたが，マウスから直接吸血させる飼育法では難しかっただろう）．そこでまず，1 齢幼虫からボルバキアを取り除いて飼育してみたところ，成長が著しく遅く，大半の個体が成虫に育つ前に死亡した．次に成虫からボルバキアを取り除いて飼育したところ，特に死亡することはなく卵も産んだのだが，産みつけられた卵の大半は数日のうちに黒っぽくなって潰れてしまい，そこから幼虫が生まれることはなかった（**図 8.3**）．つまり，トコジラミからボルバキアを取り除くと，幼虫期には成長がうまくいかず，成虫期には正常な卵を生産できなくなるということである．この結果から，トコジラミと菌細胞内のボルバキアが必須相利共生関係にあることが予想されるが，さらにもう一歩踏み込んで，このボルバキアがトコジラミの成長や卵生産に必要なビタミン B 類を合成しているという仮説も検証してみた．

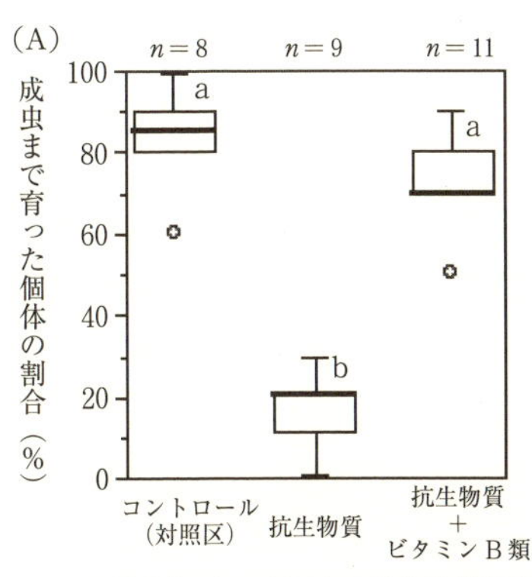

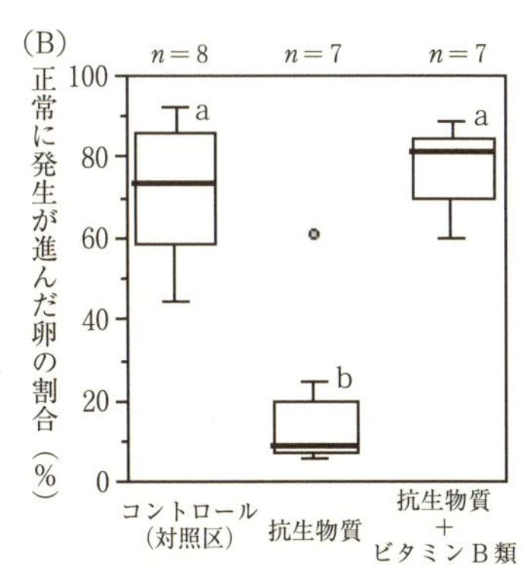

図 8.4　トコジラミの抗生物質処理およびビタミンB類添加の実験結果

A. 1齢幼虫から飼育したときに，成虫まで育った個体の割合．B. 成虫に産卵させたときに，正常に発生が進んだ卵の割合．A, Bともに，「抗生物質」ではリファンピシンの投与によってトコジラミ体内のボルバキアを取り除き，「抗生物質＋ビタミンB類」では抗生物質処理したトコジラミの餌にビタミンB類を添加した．グラフ内のa, bは統計的に有意な違いがあることを示す．Hosokawa *et al*. (2010b)による図を改編．

今度の実験でもまずは抗生物質でボルバキアを取り除くのだが，その後に与える餌の血液にビタミンB類を添加した．すると，幼虫は正常に成長し，成虫は正常な卵を産んだ．**図 8.4**にその実験の結果をグラフで示したが，抗生物質でボルバキアを除去したときに見られた異常は，ビタミンB類の添加によってほぼ完全に回復していることがわかるかと思う．このデータが意味するところは，トコジラミはボルバキアがいなくてもビタミンB類の添加があれば成長や繁殖が可能ということであるが，言い方を変えれば，ビタミンB類の添加がなくてもボルバキアがいれば成長や繁殖が可能ということであり，これはボルバキアがビタミンB類を合成してトコジラミに供給している可能性を強く示唆するものである．

私が取り組んできたトコジラミの共生細菌の研究は以上をもってひと段落となり，その成果は期待どおり一流科学雑誌へと掲載された（"超" 一流にもチャレンジしたがダメであった）．菌細胞内に共生し，宿主と必須相利共生関係にあるという前代未聞のボルバキアの発見である．繰り返しになるが，ボルバキアは多くの節足動物と共生しており，トコジラミ以外では一般的に寄生的共生細菌や日和見共生細菌になっている．それを考えると，トコジラミと共生しているボルバキアもひょっとしたら以前は宿主に害を与える寄生的共生細菌だった可能性もありそうである．それが長い進化の過程において，宿主に害を与えなくなり，さらには逆に宿主に利益をもたらす相利共生細菌へと変化し，ついには宿主にとってなくてはならない存在になったのかもしれない．第1章で述べたように，菌細胞内に共生し，宿主と必須共生関係にある共生細菌はさまざまな昆虫で報告されているが，その共生細菌の進化的起源はまったく不明であった．私たちによるトコジラミとボルバキアの必須相利共生関係の発見は，「菌細胞内の共生細菌の起源は寄生的共生細菌である」という仮説を有力にするものである．

8.4 ボルバキアの全ゲノム解析とゲノム比較

この節では，共同研究者である二河成男さん（放送大学教養学部）と森山 実さん（産業技術総合研究所研究員）が中心になって進めたボルバキアのゲノム解析についての研究成果について紹介したい．前節までは "ビタミンB類" とひとまとめにして書いてきたが，実はビタミンB類は8種に分けられ[8)]，上述の飼育実験ではその8種すべてを餌に添加している．したがって，この実験結果からはトコジラミと共生するボルバキアが8種すべてのビタミンB類を

[8)] ビタミンB類は，チアミン（ビタミンB_1），リボフラビン（ビタミンB_2），ナイアシン，パントテン酸，ピリドキシン（ビタミンB_6），ビオチン，葉酸，シアノコバラミン（ビタミンB_{12}）の8種からなる．

合成しているのか，あるいは一部のビタミンB類だけを合成しているのかは不明であり，これを明らかにするにはさらなる実験が必要である．そこで，まずはボルバキアの全ゲノムを解明してビタミンB類の合成に関してどのような遺伝子が存在するのかを調べたところ，ボルバキアのゲノム上にはビオチンとリボフラビンを合成するための遺伝子群がすべて揃っていることが明らかとなった．次に，このビオチンとリボフラビンの合成系遺伝子群が実際にはたらいているかどうかを確かめるために，ボルバキアを保持するトコジラミとボルバキアを取り除いたトコジラミの間で体内に存在するビタミンB類の量を比較してみた．結果は期待どおりであり，ボルバキアを保持する個体ではボルバキアを取り除いた個体に比べて体内のビオチン量とリボフラビン量が高いというものであった．したがって，ボルバキアはビオチンとリボフラビンという2種のビタミンB類を合成し，宿主であるトコジラミに供給していることは間違いないだろう（Nikoh *et al*., 2014）．

ボルバキアの全ゲノム解析では，他にも面白い発見があった．節足動物と共生するボルバキアですでに全ゲノムが解明されているのは，トコジラミの他にショウジョウバエ類の5系統とネッタイイエカの1系統，合わせて7系統である．これに加えて，まだ完全には解明されていないドラフトゲノム[9]が14系統のボルバキアについて公表されている（宿主昆虫は多岐にわたり，ショウジョウバエ類6系統，ツェツェバエ類1系統，カ類3系統，ハチ類2系統，キジラミ類1系統，チョウ類1系統）．なお，トコジラミと共生するボルバキア以外はすべて寄生性のボルバキアである．これらのデータを使って，ビオチン合成系とリボフラビン合成系のそれぞれの遺伝子

---

[9] draft，すなわちまだ不完全な草稿段階ということ．

群に注目してゲノムを比較すると，はっきりとした興味深い傾向が見られた．まずビオチン合成系の遺伝子群であるが，これはトコジラミと共生するボルバキアのゲノム上にはすべての遺伝子が存在していたのだが，他の 20 系統のボルバキアのゲノム上にはまったく存在していなかった．このことから，ボルバキアは本来ビオチン合成系の遺伝子群をもっていないのだが，トコジラミと共生するボルバキアだけは，進化の過程でビオチン合成系の遺伝子群を新たに獲得した可能性が考えられる．では，どこから獲得したのだろうか？ビオチン合成系の各遺伝子のゲノム上における並び方や各遺伝子がコードするアミノ酸配列に基づく解析から，トコジラミのボルバキアゲノム上にあるビオチン合成系の遺伝子群は，節足動物の寄生的共生細菌であるカルディニウム（*Cardinium*）のゲノム上にあるものと非常に似ていることがわかった（**図 8.5**）．カルディニウムはバクテロイデス門に属しており，プロテオバクテリア門に属するボルバキアとは大きく系統の異なる細菌である．このような遠縁な生物が非常に似通った遺伝子をもっている場合，生物間で遺伝子の水

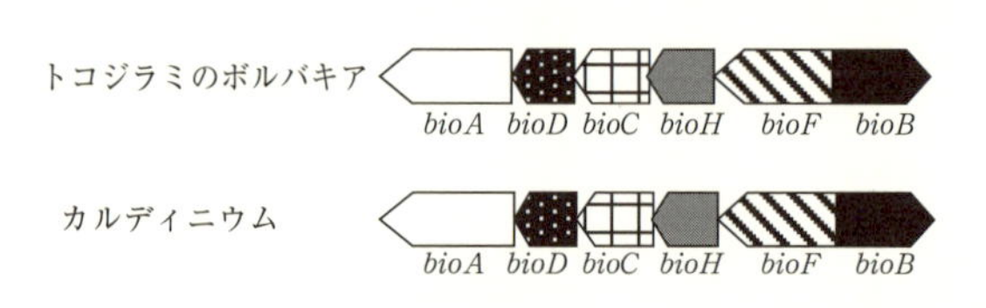

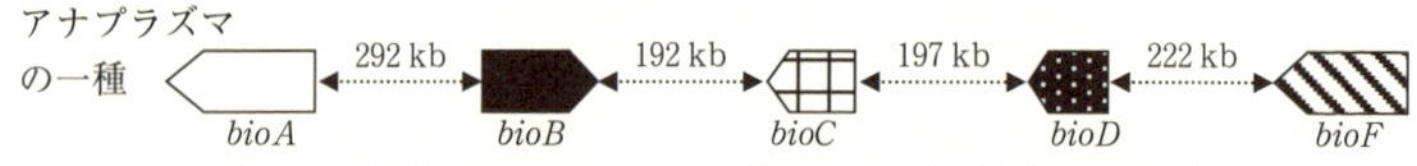

図 8.5　細菌ゲノム上におけるビオチン合成系遺伝子の並び

bio A, *bioB*, *bio C*, *bio D*, *bio F*, *bio H* はそれぞれビオチン合成系の遺伝子を示している．トコジラミのボルバキアとカルディニウムでは遺伝子が隙間なく並んでおり，並び順がまったく同じである．ボルバキアと近縁な細菌であるアナプラズマでは各遺伝子はゲノム上の離れたところに位置しており，並び順も大きく異なっている．kb はキロ塩基の略．Nikoh *et al*. (2014) による図を改編．

平転移[10)]が起こった可能性が非常に高い．おそらくトコジラミの祖先はボルバキアだけでなくカルディニウムとも共生しており，そこでカルディニウムからボルバキアへビオチン合成系の遺伝子群がごっそりと水平転移したのだろう（Nikoh *et al.*, 2014）．

一方のリボフラビン合成系の遺伝子群は対照的であり，トコジラミと共生するボルバキアを含む21系統のボルバキアすべてのゲノムに存在していた．ドラフトゲノムの5系統については遺伝子群のうち一部の遺伝子を欠いていたが，これはゲノムデータが不完全であることが原因と思われる．リボフラビン合成系の各遺伝子のゲノム上の並び方や各遺伝子がコードするアミノ酸配列に基づく解析をおこなったところ，リボフラビン合成系の遺伝子群はボルバキアの進化の過程において安定的に維持されてきたことが示唆された．これはつまり，生殖操作によって宿主に害を与える寄生性のボルバキアも，宿主にリボフラビンという栄養分を供給する側面ももっているということである．ボルバキアは生殖操作という利己的戦略によって感染を広げてきたと考えられているが，感染宿主に栄養分を供給して成長や繁殖に好影響を与えることで感染拡大をより促進してきたのではないだろうか．寄生性のボルバキアでも確かにリボフラビン合成系の遺伝子群がはたらいており，宿主によい影響も与えているのかどうかは今後の研究で確かめる必要がある（Moriyama *et al.*, 2015）．

ゲノム全体の比較では，トコジラミと共生するボルバキアと他の20系統のボルバキアの間には，ビオチン合成系の遺伝子群の有無以外にはっきりとした違いは見出されなかった．前節で議論したように，もしトコジラミと共生するボルバキアが寄生的共生細菌から

---

10) 遺伝子が個体間や種間で移動することを遺伝子の水平転移という．

必須相利共生細菌へと変わったものだとすると，その進化の過程において水平転移によるビオチン合成系の遺伝子群の獲得が重要であったと考えられるが，その他には大きなゲノムの変化は生じていないようである（Nikoh *et al.*, 2014）．寄生から相利共生という劇的な変化は，実は意外に簡単に起こることなのかもしれない．

8.5 トコジラミの共生細菌研究の今後

前節で紹介したゲノムレベルでの研究によって，トコジラミとボルバキアの必須相利共生の特徴はかなり詳しいレベルまで解明できたと思っているが，今後さらに踏み込んだ研究を進めることも可能である．ボルバキアだけでなく宿主であるトコジラミについても最近全ゲノムデータが発表され（Benoit *et al.*, 2016），菌細胞で高発現しているトコジラミの遺伝子もすでにリストアップされている（Moriyama *et al.*, 2012）．さらに前章でも述べたが，カメムシ類では一般的にRNA干渉法による遺伝子の機能解析が可能であり，それはトコジラミも例外ではない（Moriyama *et al.*, 2016）．これらの情報と技術を利用すれば，今後はトコジラミとボルバキアの相互作用や菌細胞の形成機構などが遺伝子レベルで解明されていくであろう．あと忘れてはならないのは，二次共生細菌であるガンマ共生細菌である．センター系統には一切見られなかったが，農大系統では大部分の個体がガンマ共生細菌を保持していたことを考えると，生息環境によってはトコジラミの生存や繁殖においてガンマ共生細菌が何か重要な役割を担っていそうである．これはボルバキアの機能と同様に飼育実験とゲノム解析によって明らかにできるだろう．

個人的に最も知りたいと思っているのは，トコジラミ類における菌細胞内の共生細菌の多様性である．文献によると，トコジラミ科の22属70数種のうち原始的な *Primicimex* 属の種を除くすべての種が菌細胞塊をもっているらしい（Usinger, 1966）．では菌細胞塊をもつ種のすべてにおいて，菌細胞内の共生細菌はボルバキアなのだろうか？　あるいは，ボルバキアとはまったく異なる共生細菌を菌細胞内にもつ種も存在するのだろうか？　すなわち，トコジラミ類の進化の過程で菌細胞内の共生細菌の置換は生じたのだろうか？　各種のトコジラミ類のサンプルを集めてそれぞれの菌細胞内の共生細菌を調べ，それをトコジラミ類の系統樹上にマッピングしていけばトコジラミ類における共生細菌の多様化パターンが見えてくることが期待される．実はこの研究テーマはかなり前から構想をもっているのだが，サンプルの収集の段階で大きな壁があってほとんど進んでいない．というのも，トコジラミ類の多くの種がコウモリから吸血しており，その住処はコウモリの寝床となる樹上や洞窟であるため採集が困難なのである．コウモリの研究者と連携してやることで少しずつサンプルを集められそうなのだが，今のところは思うようには進められていない．

Box 9　～シラミと名につく生物

トコジラミという名を聞いて，「それはカメムシではなくシラミの仲間なのでは？」と思う読者がいるかもしれない．シラミの仲間にはヒトジラミという，やはりヒトから吸血する昆虫がいるので混乱を招きやすいのだが，トコジラミはヒトジラミとはまったく異なる昆虫であり，間違いなくカメムシの仲間である．実は和名の末尾に～シラミ（～ジラミ）がつく昆虫は四つのグループが存在し，シラミ類（咀顎目），コナジラミ類（半翅目>腹吻亜目>コナジラミ上科），キジラミ類（半翅目>腹吻亜目>キジラミ上科），トコジラミ類（半翅目>カメムシ亜目）とそれぞれ系統が異なっている．以下は正確な話ではなく私の勝手な推測であるが，おそらくは咀顎目のシラミ類が“元祖”シラミであって（これは“白い虫”が語源になっているらしい），シラミ類と同じように“寄主（餌となる生物）にまとわりついて汁を吸う”という性質をもった虫は系統に関係なく〜シラミと呼ばれるようになったのだと思う．コナジラミ類は粉のようなシラミ，キジラミは樹木につくシラミ，トコジラミ類は人間の寝床に発生するシラミなのだろう．ちなみに，ヤブジラミという和名をもつ植物があり，この植物は実が衣服にまとわりつくことからこの和名がつけられたという．

引用文献

Akman L, Yamashita A, Watanabe H, Oshima K, Shiba T. *et al.* (2002) Genome sequence of the endocellular obligate symbiont of tsetse flies, *Wigglesworthia glossinidia*. *Nat Genet*, **32**: 402-407.

Angelini DR, Kaufman TC (2004) Functional analyses in the hemipteran *Oncopeltus fasciatus* reveal conserved and derived aspects of appendage patterning in insects. *Dev Biol*, **271**: 306-321.

Attardo GM, Lohs C, Heddi A, Alam UH, Yildirim S. *et al.* (2008) Analysis of milk gland structure and function in *Glossina morsitans*: milk protein production, symbiont populations and fecundity. *J Insect Physiol*, **54**: 1236-1242.

Baba N, Hironaka M, Hosokawa T, Mukai H, Nomakuchi S. *et al.* (2011) Trophic eggs compensate for poor offspring feeding capacity in a subsocial burrower bug. *Biol Lett*, **7**: 194-196.

Baumann P (2005) Biology of bacteriocyte-associated endosymbionts of plant sap-sucking insects. *Ann Rev Microbiol*, **59**: 155-189.

Benoit JB, Adelman ZN, Reinhardt K, Dolan A, Poelchau M. *et al.* (2016) Unique features of a global human ectoparasite identified through sequencing of the bed bug genome. *Nat Commun*, **7**: 10165.

Bin F, Vinson SB, Strand MR, Colazza S, Jones WA (1993) Source of an egg kairomone for *Trissolcus basalis*, a parasitoid of *Nezara viridula*. *Physiol Entomol*, **18**: 7-15.

Bistolas KSI, Sakamoto RI, Fernandes JAM, Goffredi SK (2014) Symbiont polyphyly, co-evolution, and necessity in pentatomid stinkbugs from Costa Rica. *Front Microbiol*, **5**: 349.

Blattner FR, Plunkett G, Bloch CA, Perna NT, Burland V. *et al*. (1997) The complete genome sequence of *Escherichia coli* K-12. *Science*, **277**: 1453-1474.

Braendle C, Miura T, Bickel R, Shingleton AW, Kambhampati S. *et al*. (2003) Developmental origin and evolution of bacteriocytes in the aphid-*Buchnera* symbiosis. *PLoS Biol*, **1**: e21.

Buchner P (1965) *Endosymbiosis of animals with plant microorganisms*. Interscience, New York, NY.

Chang KP (1974) Effects of elevated temperature on the mycetome and symbiotes of the bed bug *Cimex lectularius* (Heteroptera). *J Invertebr Pathol*, **23**: 333-340.

Costa HS, Toscano NC, Henneberry T (1996) Mycetocyte inclusion in the oocytes of *Bemisia argentifolii* (Homoptera: Aleyrodidae). *Ann Entomol Soc Am*, **89**: 694-699.

Costa JT (2006) *The Other Insect Societies*. Belknap Press of Harvard University Press, Cambridge, MA and London, England.

Douglas AE (1998) Nutritional interactions in insect-microbial symbioses: aphids and their symbiotic bacteria Buchnera. *Annu Rev Entomol*, **43**: 17-37.

Duron O, Noël V (2016) A wide diversity of *Pantoea* lineages are engaged in mutualistic symbiosis and cospeciation processes with stinkbugs. *Environ Microbiol*, **8**: 715-727.

Filippi-Tsukamoto L, Nomakuchi S, Kuki K, Tojo S (1995) Adaptiveness of parental care in *Parastrachia japonensis* (Hemiptera: Cydnidae). *Ann Entomol Soc Am*, **88**: 374-383.

Foster J, Ganatra M, Kamal I, Ware J, Makarova K (2005) The *Wolbachia* genome of *Brugia malayi*: Endosymbiont evolution within a human pathogenic nematode. *PLoS Biol*, **3**: e121.

Fukatsu T, Hosokawa T (2002) Capsule-transmitted gut symbiotic bacterium of the Japanese common plataspid stinkbug, *Megacopta punctatissima*. *Appl Environ Microbiol*, **68**: 389-396.

Fukatsu, T, Hosokawa T (2008) Capsule-transmitted obligate gut bacterium of plataspid stinkbugs. In: *Insect Symbiosis Volume* 3 (Bourtzis K, Miller TA, eds.), pp. 95-121. CRC Press, Boca Raton, USA.

Futahashi R, Tanaka K, Matsuura Y, Tanahashi M, Kikuchi Y. *et al.* (2011) Laccase2 is required for cuticular pigmentation in stinkbugs. *Insect Biochem Molec*, **41**: 191-196.

Gordon ERL, McFrederick Q, Weirauch C (2016) Phylogenetic evidence for ancient and persistent environmental symbiont reacquisition in Largidae (Hemiptera: Heteroptera). *Appl Environ Microbiol*, **82**: 7123-7133.

Hayashi T, Hosokawa T, Meng XY, Koga R, Fukatsu T (2015) Female-specific specialization of a posterior end region of the midgut symbiotic organ in *Plautia splendens* and allied stinkbugs. *Appl Environ Microbiol*, **81**: 2603-2611.

Heidelberg JF, Eisen JA, Nelson WC, Clayton RA, Gwinn ML. *et al.* (2000) DNA sequence of both chromosomes of the cholera pathogen *Viblio cholerae*. *Nature*, **406**: 477-483.

Hosokawa T, Hironaka M, Inadomi K, Mukai H, Nikoh N, Fukatsu T (2013) Diverse strategies for vertical symbiont transmission among subsocial stinkbugs. *PLoS ONE*, **8**: e65081.

Hosokawa T, Hironaka M, Mukai H, Inadomi K, Suzuki N, Fukatsu T (2012a) Mothers never miss the moment: a fine-tuned mechanism for vertical symbiont transmission in a subsocial insect. *Anim Behav*, **83**: 293-300.

Hosokawa T, Ishii Y, Nikoh N, Fujie M, Satoh N, Fukatsu T (2016a) Obligate bacterial mutualists evolving from environmental bacteria in natural insect populations. *Nat Microbiol*, **1**: 15011.

Hosokawa T, Kaiwa N, Matsuura Y, Kikuchi Y, Fukatsu T (2015a) Infection prevalence of *Sodalis* symbionts among stinkbugs. *Zool Lett*, **1**: 5.

Hosokawa T, Kikuchi Y, Fukatsu T (2007a) How many symbionts are provided by mothers, acquired by offspring, and needed for successful vertical transmission in an obligate insect-bacterium mutualism? *Mol Ecol*, **16**: 5316–5325.

Hosokawa T, Kikuchi Y, Meng XY, Fukatsu T (2005) The making of symbiont capsule in the plataspid stinkbug *Megacopta punctatissima*. *FEMS Microbiol Ecol*, **54**: 471–477.

Hosokawa T, Kikuchi Y, Nikoh N, Fukatsu T (2012b) Polyphyly of gut symbionts in stinkbugs of the family Cydnidae. *Appl Environmen Microbiol*, **78**: 4758–4761.

Hosokawa T, Kikuchi Y, Nikoh N, Meng XY, Hironaka M, Fukatsu T (2010a) Phylogenetic position and peculiar genetic traits of the midgut bacterial symbiont in the stinkbug *Parastrachia japonensis*. *Appl Environ Microbiol*, **76**: 4130–4135.

Hosokawa T, Kikuchi Y, Nikoh N, Shimada M, Fukatsu T (2006) Strict host-symbiont cospeciation and reductive genome evolution in insect gut bacteria. *PLoS Biol*, **4**: e337.

Hosokawa T, Kikuchi Y, Shimada M, Fukatsu T (2007b) Obligate symbiont involved in pest status of host insect. *Proc R Soc B*, **274**: 1979–1984.

Hosokawa T, Kikuchi Y, Shimada M, Fukatsu T (2008) Symbiont acquisition alters behavior of stinkbug nymphs. *Biol Lett*, **4**: 45–48.

Hosokawa T, Koga R, Kikuchi Y, Meng XY, Fukatsu T (2010b) *Wolbachia* as a bacteriocyte-associated nutritional mutualist. *Proc Natl Acad Sci USA*, **107**: 769–774.

Hosokawa T, Koga R, Tanaka K, Moriyama M, Anbutsu H. *et al.* (2015b) *Nardonella* endosymbionts of Japanese pest and non-pest weevils (Coleoptera: Curculionidae). *Appl Entomol Zool*, **50**: 223-229.

Hosokawa T, Matsuura Y, Kikuchi Y, Fukatsu T (2016b) Recurrent evolution of gut symbiotic bacteria in pentatomid stinkbugs. *Zool Lett*, **2**: 24.

Hosokawa T, Nikoh N, Fukatsu T (2014) Fine-scale geographical origin of an insect pest invading North America. *PLoS ONE*, **9**: e89107.

Hosokawa T, Nikoh N, Koga R, Sato M, Tanahashi M. *et al.* (2012c) Reductive genome evolution, host-symbiont co-speciation, and uterine transmission of endosymbiotic bacteria in bat flies. *ISME J*, **6**: 577-587.

Hua J, Li M, Dong P, Cui Y, Xie Q. *et al.* (2008) Comparative and phylogenomic studies on the mitochondrial genomes of Pentatomomorpha (Insecta: Hemiptera: Heteroptera). *BMC Genomics*, **9**: 610.

Husnik F, Nikoh N, Koga R, Ross L, Duncan RP. *et al.* (2013) Horizontal gene transfer from diverse bacteria to an insect genome enables a tripartite nested mealybug symbiosis. *Cell*, **153**: 1567-1578.

Hypsa V, Aksoy S (1997) Phylogenetic characterization of two transovarially transmitted endosymbionts of the bedbug *Cimex lectularius* (Heteroptera: Cimicidae). *Insect Mol Biol*, **6**: 301-304.

Itoh H, Aita M, Nagayama A, Meng XY, Kamagata Y. *et al.* (2014) Evidence of environmental and vertical transmission of *Burkholderia* symbionts in the oriental chinch bug, *Cavelerius saccharivorus* (Heteroptera: Blissidae). *Appl Environ Microbiol*, **80**: 5974-5983.

Itoh H, Matsuura Y, Hosokawa T, Fukatsu T, Kikuchi Y (2017) Obligate gut symbiotic association in the sloe bug *Dolycoris baccarum* (Hemiptera: Pentatomidae). *Appl Entomol Zool*, **52**: 51-59.

Kaiwa N, Hosokawa T, Kikuchi Y, Nikoh N, Meng XY. *et al.* (2010) Primary gut symbiont and secondary *Sodalis*-allied symbiont in the scutellerid stinkbug *Cantao ocellatus*. *Appl Environmen Microbiol*, **76**: 3486-3494.

Kaiwa N, Hosokawa T, Kikuchi Y, Nikoh N, Meng XY. *et al.* (2011) Bacterial symbionts of the giant jewel stinkbug *Eucorysses grandis* (Hemiptera: Scutelleridae). *Zool Sci*, **28**: 169-174.

Kaiwa N, Hosokawa T, Nikoh N, Tanahashi M, Moriyama M. *et al.* (2014) Symbiont-supplemented maternal investment underpinning host's ecological adaptation. *Curr Biol*, **24**: 2465-2470.

Kaltenpoth M, Winter SA, Kleinhammer A (2009) Localization and transmission route of *Coriobacterium glomerans*, the endosymbiont of pyrrhocorid bugs. *FEMS Microbiol Ecol*, **69**: 373-383.

Kashima T, Nakamura T, Tojo S (2006) Uric acid recycling in the shield bug, *Parastrachia japonensis* (Hemiptera: Parastachiidae), during diapause. *J Insect Physiol*, **52**: 816-825.

Kikuchi Y, Fukatsu T (2003) Diversity of *Wolbachia* endosymbionts in heteropteran bugs. *Appl Environ Microbiol*, **69**: 6082-6090.

Kikuchi Y, Hayatsu M, Hosokawa T, Nagayama A, Tago K. *et al.* (2012a) Symbiont-mediated insecticide resistance. *Proc Natl Acad Sci USA*, **109**: 8618-8622.

Kikuchi Y, Hosokawa T, Fukatsu T (2007) Insect-microbe mutualism without vertical transmission: a stinkbug acquires a beneficial gut symbiont from the environment every generation. *Appl Environ Microbiol*, **73**: 4308-4316.

Kikuchi Y, Hosokawa T, Fukatsu T (2011a) Specific developmental window for establishment of an insect-microbe gut symbiosis. *Appl Environ Microbiol*, **77**: 4075-4081.

Kikuchi Y, Hosokawa T, Fukatsu T (2011b) An ancient but promiscuous host-symbiont association between *Burkholderia* gut symbionts and their heteropteran hosts. *ISME J*, **5**: 446-460.

Kikuchi Y, Hosokawa T, Nikoh N, Fukatsu T (2012b) Gut symbiotic bacteria in the cabbage bugs *Eurydema rugosa* and *Eurydema dominulus* (Heteroptera: Pentatomidae). *Appl Entomol Zool*, **47**: 1-8.

Kikuchi Y, Hosokawa T, Nikoh N, Meng XY, Kamagata Y. *et al.* (2009) Host-symbiont co-speciation and reductive genome evolution in gut symbiotic bacteria of acanthosomatid stinkbugs. *BMC Biol*, **7**: 2.

Kikuchi Y, Meng XY, Fukatsu T (2005) Gut symbiotic bacteria of the genus *Burkholderia* in the broad-headed bugs, *Riptortus clavatus* and *Leptochorisa chinensis* (Heteroptera: Alydidae). *Appl Environ Microbiol*, **71**: 4035-4043.

Kuechler SM, Dettner K, Kehl S (2010) Molecular characterization and localization of the obligate endosymbiotic bacterium in the birch catkin bug *Kleidocerys resedae* (Heteroptera: Lygaeidae, Ischnorhynchinae). *FEMS Microbiol Ecol*, **73**: 408-418.

Kuechler SM, Dettner K, Kehl S (2011) Characterization of an obligate intracellular bacterium in the midgut epithelium of the bulrush bug *Chilacis typhae* (Heteroptera, Lygaeidae, Artheneinae). *Appl Environ Microbiol*, **77**: 2869-2876.

Kuechler SM, Matsuura Y, Dettner K, Kikuchi Y (2016) Phylogenetically diverse *Burkholderia* associated with midgut crypts of spurge bugs, *Dicranocephalus* spp. (Heteroptera: Stenocephalidae). *Microbes Environ*, **31**: 145-153.

Kuechler SM, Renz P, Dettner K, Kehl S (2012) Diversity of symbiotic organs and bacterial endosymbionts of lygaeoid bugs of the families Blissidae and Lygaeidae (Hemiptera: Heteroptera: Lygaeoidea). *Appl Environ Microbiol*, **78**: 2648-2659.

Koga R, Bennett GM, Cryan JR, Moran NA (2013) Evolutionary replacement of obligate symbionts in an ancient and diverse insect lineage. *Environ Microbiol*, **15**: 2073-2081.

Koga R, Meng XY, Tsuchida T, Fukatsu T (2012) Cellular mechanism for selective vertical transmission of an obligate insect symbiont at the bacteriocyte-embryo interface. *Proc Natl Acad Sci USA*, **109**: E1230–E1237.

Matsuura Y, Hosokawa T, Serracin M, Tulgetske G, Miller T. *et al.* (2014) Bacterial symbionts of a devastating coffee pest, the stinkbug *Antestiopsis thunbergii* (Hemiptera: Pentatomidae). *Appl Environ Microbiol*, **80**: 3769–3775.

Matsuura Y, Kikuchi Y, Hosokawa T, Koga R, Meng XY. *et al.* (2012a) Evolution of symbiotic organs and endosymbionts in lygaeid stinkbugs. *ISME J*, **6**: 397–409.

Matsuura Y, Kikuchi Y, Meng XY, Koga R, Fukatsu T (2012b) Novel clade of alphaproteobacterial endosymbionts associated with stinkbugs and other arthropods. *Appl Environ Microbiol*, **78**: 4149–4156.

Matsuura Y, Kikuchi Y, Miura T, Fukatsu T (2015) *Ultrabithorax* is essential for bacteriocyte development. *Proc Natl Acad Sci USA*, **112**: 9376–9381.

McCutcheon JP, Moran NA (2012) Extreme genome reduction in symbiotic bacteria. *Nat Rev Microbiol*, **10**: 13–26.

Meier R, Kotrba M, Ferrar P (1999) Ovoviviparity and viviparity in the Diptera. *Biol Rev*, **74**: 199–258.

Montes C, Cuadrillero C, Vilella D (2002) Maintenance of a laboratory colony of *Cimex lectularius* (Hemiptera: Cimicidae) using an artificial feeding technique. *J Med Entomol*, **39**: 675–679.

Montllor CB, Maxmen A, Purcell AH (2002) Facultative bacterial endosymbionts benefit pea aphids *Acyrthosiphon pisum* under heat stress. *Ecol Entomol*, **27**: 189–195.

Moran NA, McCutcheon JP, Nakabachi A (2008) Genomics and evolution of heritable bacterial symbionts. *Ann Rev Genet*, **42**: 165–190.

Moran NA, Munson MA, Baumann P, Ishikawa H (1993) A molecular clock in endosymbiotic bacteria is calibrated using the insect hosts. *Proc R Soc B*, **253**: 161-171.

Moriyama M, Hosokawa T, Tanahashi M, Nikoh N, Fukatsu T (2016) Suppression of bedbug's reproduction by RNA interference of vitellogenin. *PLoS ONE*, **11**: e0153984.

Moriyama M, Koga R, Hosokawa T, Nikoh N, Futahashi R. *et al.* (2012) Comparative transcriptomics of bacteriome and spermalege of the bedbug *Cimex lectularius* (Hemiptera: Cimicidae). *Appl Entomol Zool*, **47**: 433-443.

Moriyama M, Nikoh N, Hosokawa T, Fukatsu T (2015) Riboflavin provisioning underlies *Wolbachia*'s fitness contribution to insect host. *mBio*, **6**: e01732-15.

Mukai H, Hironaka M, Tojo S, Nomakuchi S (2014) Maternal vibration: an important cue for embryo hatching in a subsocial shield bug. *PLoS ONE*, **9**: e87932.

Müller HJ (1956) Experimentelle Studien an der Symbiose von *Coptosoma scutellatum* Geoffr. (Hem. Heteropt.). *Z Morphol Ökol Tiere*, **44**: 459-482.

Nakahira T (1994) Production of trophic eggs in the subsocial burrower bug, *Admerus triguttulus*. *Naturwissenschaften*, **81**: 413-414.

Nikoh N, Hosokawa T, Moriyama M, Oshima K, Hattori M. *et al.* (2014) Evolutionary origin of insect-*Wolbachia* nutritional mutualism. *Proc Natl Acad Sci USA*, **111**: 10257-10262.

Nikoh N, Hosokawa T, Oshima K, Hattori M, Fukatsu T. (2011) Reductive evolution of bacterial genome in insect gut environment. *Genome Biol Evol*, **3**: 702-714.

Ohbayashi T, Takeshita K, Kitagawa W, Nikoh N, Koga R. *et al.* (2015) Insect's intestinal organ for symbiont sorting. *Proc Natl Acad Sci USA*, **112**: E5179-E5188.

Oliver KM, Russell JA, Moran NA, Hunter MS (2003) Facultative bacterial symbionts in aphids confer resistance to parasitic wasps. *Proc Natl Acad Sci USA*, **100**: 1803-1807.

Prado SS, Almeida RPP (2009) Phylogenetic placement of pentatomid stink bug gut symbionts. *Curr Microbiol*, **58**: 64-69.

Ruberson JR, Takasu K, Buntin GD, Eger Jr JE, Gardner WA. *et al.* (2013) From Asian curiosity to eruptive American pest: *Megacopta cribraria* (Hemiptera: Plataspidae) and prospects for its biological control. *Appl Entoml Zool*, **48**: 3-13.

Russell JA, Moran NA (2006) Costs and benefits of symbiont infection in aphids: variation among symbionts and across temperatures. *Proc R Soc B*, **273**: 603-610.

Salem H, Bauer E, Strauss AS, Vogel H, Marz M. *et al.* (2014) Vitamin supplementation by gut symbionts ensure metabolic homeostasis in an insect host. *Proc R Soc B*, **281**: 20141838.

Sakurai M, Koga R, Tsuchida T, Meng XY, Fukatsu T (2005) *Rickettsia* symbiont of the pea aphid *Acyrthosiphon pisum*: novel cellular tropism, effect on the host fitness, and interaction with the essential symbiont *Buchnera*. *Appl Environ Microbiol*, **71**: 4069-4075.

Sasaki-Fukatsu K, Koga R, Nikoh N, Yoshizawa K, Kasai S. *et al.* (2006) Symbiotic bacteria associated with stomach discs of human lice. *Appl Environ Microbiol*, **72**: 7349-7352.

Scarborough CL, Ferrari J, Godfray HCJ (2005) Aphid protected from pathogen by endosymbiont. *Science*, **310**: 1781.

Schneider G (1940) Beiträge zur Kenntnis der symbiontischen Einrichtungen der Heteropteren. *Z Morphol Ökol Tiere*, **36**: 565-644.

Schorr H (1957) Zür Verhaltensbiologie und Symbiose von *Brachypelta aterrima* Först (Cydnidae, Heteroptera). *Z Morphol Ökol Tiere*, **45**: 561-602.

Schuh RT, Slater JA (1995) *True bugs of the world (Hemiptera: Heteroptera)*. Cornell University Press, Ithaca, NY.

Shibata TF, Maeda T, Nikoh N, Yamaguchi K, Oshima K. *et al.* (2013) Complete genome sequence of *Burkholderia* sp. strain RPE64, bacterial symbiont of the bean bug *Riptortus pedestris*. *Genome Announc*, **1**: e00441-13.

Shigenobu S, Watanabe H, Hattori M, Sakaki Y, Ishikawa H (2000) Genome sequence of the endocellular bacterial symbiont of aphids *Buchnera* sp. APS. *Nature*, **407**: 81-86.

Stover CK, Pham XQ, Erwin AL, Mizoguchi SD, Warrener P. *et al.* (2000) Complete genome sequence of *Pseudomonas aeruginosa* PA01, an opportunistic pathogen. *Nature*, **406**: 959-964.

Sudakaran S, Retz F, Kikuchi Y, Kost C, Kaltenpoth M (2015) Evolutionary transition in symbiotic syndromes enabled diversification of phytophagous insects on an imbalanced diet. *ISME J*, **9**: 2587-2604.

Szklarzewicz T, Moskal A (2001) Ultrastructure, distribution, and transmission of endosymbionts in the whitefly *Aleurochiton aceris* Modeer (Insecta, Hemiptera, Aleyrodinea). *Protoplasma*, **218**: 45-53.

Sweet MH, Schaefer CW (2002) Parastrachiinae (Hemiptera: Cydnidae) raised to family level. *Ann Entomol Soc Am*, **95**: 441-448.

Tada A, Kikuchi Y, Hosokawa T, Musolin DL, Fujisaki K. *et al.* (2011) Obligate association with gut bacterial symbiont in Japanese populations of the southern green stinkbug *Nezara viridula* (Heteroptera: Pentatomidae). *Appl Entomol Zool*, **46**: 483-488.

Takeshita K, Matsuura Y, Itoh H, Navarro R, Hori T. *et al.* (2015) *Burkholderia* of plant-beneficial group are symbiotically associated with bordered plant bugs (Heteroptera: Pyrrhocoroidea: Largidae). *Microbes Environ*, **30**: 321-329.

Teixeira L, Ferreira A, Ashburner M (2008) The bacterial symbiont *Wolbachia* induces resistance to RNA viral infections in *Drosophila melanogaster*. *PLoS Biol*, **6**: e2.

Toju H, Hosokawa T, Koga R, Nikoh N, Meng XY. *et al.* (2010)

"*Candidatus* Curculioniphilus buchneri", a novel clade of bacterial endocellular symbionts from weevils of the genus *Curculio*. *Appl Environmen Microbiol*, **76**: 275–282.

Toju H, Tanabe AS, Notsu Y, Sota T, Fukatsu T (2013) Diversification of endosymbiosis: replacements, co-speciation and promiscuity of bacteriocyte symbionts in weevils. *ISME J*, **7**: 1378–1390.

Tsuchida T, Koga R, Fukatsu T (2004) Host plant specialization governed by facultative symbiont. *Science*, **303**: 1989.

Tsuchida T, Koga R, Horikawa M, Tsunoda T, Maoka T. *et al*. (2010) Symbiotic bacterium modifies aphid body color. *Science*, **330**: 1102–1104.

Usinger RL (1966) *Monograph of Cimicidae: Hemiptera-Heteroptera. The Thomas Say Foundation Vol. VII*. Entomological Society of America.

Zug R, Hammerstein P (2012) Still a host of hosts for *Wolbachia*: analysis of recent data suggests that 40% of terrestrial arthropod species are infected. *PLoS ONE*, **7**: e38544.

阿部芳彦・三代浩二・高梨祐明（1995）チャバネアオカメムシ *Plautia stali* SCOTT (Hemiptera: Pentatomidae) の共生細菌．日本応用動物昆虫学会誌，**39**: 109–115.

石川 忠・高井幹夫・安永智秀（2012）日本原色カメムシ図鑑 第3巻．全国農村教育協会．

陰山大輔（2014）昆虫の生殖を操作する細胞内共生細菌 *Wolbachia* の機能と特徴．蚕糸・昆虫バイオテック，**83**: 243–249.

陰山大輔（2015）消えるオス—昆虫の性をあやつる微生物の戦略—．化学同人．

貝和奈穂美・細川貴弘（2011）クヌギカメムシの卵塊ゼリー—雑木林の樹皮上で育つ幼虫の秘密—．遺伝，**65**: 55–60.

菊池義智（2011）ホソヘリカメムシの幼虫は土壌から共生細菌を取り込む—昆虫でみつかった垂直伝播なしの相利共生—．遺伝，**65**: 61–66.

菊池義智（2014）ホソヘリカメムシと *Burkholderia* の環境獲得型相利共生．蚕糸・昆虫バイオテック，**83:** 219-222.

工藤慎一・菊池義智（2011）母性愛あふれるツノカメムシ―子の保護行動と共生細菌塗布器官―．遺伝，**65:** 43-48.

古賀隆一（2011）アブラムシの細胞内共生―宿主の発生過程に組み込まれた内部共生細菌のゆくえ―．遺伝，**65:** 28-35.

小林 尚・立川周二（2004）図説カメムシの卵と幼虫―形態と生態―．養賢堂.

土田 努（2011）昆虫の色や天敵からの逃れやすさが，細菌感染で変わる．生物科学，**63:** 8-16.

土田 努（2014）共生細菌とアブラムシの環境適応．蚕糸・昆虫バイオテック，**83:** 203-208.

トコジラミ研究会（2013）トコジラミ読本．一般財団法人日本環境衛生センター.

弘中満太郎・向井裕美・細川貴弘（2011）ベニツチカメムシは孵化直前に細菌を渡す―卵塊のケアと共生細菌塗布行動―．遺伝，**65:** 49-54.

細川貴弘（2008）マルカメムシ類の腸内共生細菌と利用できるエサ植物．植物防疫，**62:** 18-22.

細川貴弘（2011a）マルカメムシのカプセルと腸内共生細菌―ありふれた昆虫の知られざる行動―．遺伝，**65:** 36-42.

細川貴弘（2011b）吸血性昆虫トコジラミの菌細胞内に存在する相利共生型ボルバキアの発見．生物科学，**63:** 17-23.

細川貴弘（2012）マルカメムシ類と腸内共生細菌イシカワエラの絶対的共生―切り貼り自由な共生システム―．種生物学研究，**35**,「種間関係の生物学：共生・寄生・捕食の新しい姿」: 245-262.

細川貴弘（2015）カメムシ類の生活を栄養面で支える共生細菌．昆虫と自然，**50:** 8-11.

松浦 優（2011）ヒメナガカメムシの細胞内共生細菌―共生器官の進化的起源をさぐる―．遺伝，**65:** 67-73.

松浦 優（2014）菌細胞の獲得と進化―ナガカメムシ類における菌細胞の多

様性と発生学的起源—．蚕糸・昆虫バイオテック，**83:** 223-229.
安永智秀・高井幹夫・川澤哲夫・中谷至伸（2001）日本原色カメムシ図鑑 第 2 巻．全国農村教育協会.

あとがき

本書の内容の大部分は，深津武馬，菊池義智，弘中満太郎，向井裕美，二河成男，古賀隆一，松浦 優，森山 実，孟 憲英，馬場成実，稲富弘一，貝和菜穂美各氏とともに調査・実験・議論してきた成果である．菊池義智，向井裕美，古賀隆一，松浦 優，森山 実各氏には本書の原稿の一部を読んでコメントをいただき，菊池義智，弘中満太郎，向井裕美，古賀隆一，松浦 優，松浦千晶各氏には本書に掲載した写真および図の一部をご提供いただいた．本書のコーディネーターである辻 和希氏には私の執筆を提案していただいただけでなく，原稿に対して重要なコメントをいただいた．心から感謝したい．また，共立出版の山内千尋氏には私の遅筆をかなり長い期間待っていただいたことについて，この場を借りてお詫び申し上げる．なお，本書の中で紹介している私たちの研究の一部は JSPS 科研費 JP03J01543，JP25221107，JP15K21209，JP17H03946 および琉球大学後援財団教育研究奨励事業の助成を受けたものである．

私は現在の職に就く前に産業技術総合研究所で 10 年，琉球大学で 1 年半の間ポスドク職を勤め，本書で紹介している研究成果のほとんどはこの期間中に挙げたものである．産業技術総合研究所では生物共生進化機構研究グループに属していたが，このグループの研究環境はとても恵まれたものであり（Box 4，5 を参照），他の組織ではこのような研究成果は決して挙げられなかっただろう．私を共生研究の世界に引き込み，そしてすばらしい研究環境を提供してくれたグループリーダーの深津武馬氏に改めて感謝する．さらに，氏には研究者としての生き方について多くの示唆をいただき，私の就職活動（Box 7 を参照）においては鼓舞し続けていただいたのだが，その内容が本書の一部に反映されていることについても，ここで述べておきたい（ただし，文責はすべて私にある）．

ポスドク期間中は環境に恵まれたこともあって，研究に没頭することができた．私のやってきた研究のたいていは昆虫の飼育を伴うものである．生き物の飼育というのはただでさえ大変であるが，それが研究のための飼育となると規模が大きくなり，手が抜けない部分も多くなる．複数の飼育実験を同時に進めている時期は，飼育作業を休みなく毎日，朝から晩までかけてやる必要があった．ポスドク期間の大半がそのような生活であったが，私はそれを苦痛に感じたことはなかった．ありがたいことに子供の頃から体力はあるほうだった．もともと生き物の飼育が好きだったというのもあるだろう．しかし最も大きいのは，研究することの楽しさと，発見することの喜びを日々感じることができていたからである．複数の実験を同時進行で進めていると，一つくらいはまずまずいい感じの結果が出てくるものである．毎日少しずつポジティブデータが積み上がっていくワクワク感と，学会発表や論文発表に向けてさまざまな思いを巡らせるドキドキ感が，飼育作業の苦痛などかき消してしまっていたのだ．私の駆動源ともいえるこの感覚を読者の皆さんに何とか伝えたいという思いをもって本書を執筆した．しかし本書の執筆を通じて改めて自分の文章力の稚拙さを痛感しており，はたしてうまく伝えられているかどうか心配になっている．うまく伝わっていれば幸いであり，中高生や大学の学部生の読者の方に“研究って何だか楽しそう”と思っていただけたのならばこの上ない．

ところで，11 年半という期間ポスドク職を勤めたということは，なかなかパーマネント職に就くことができなかったということである．これについては正直，心折れてしまいそうな時期が何度もあった．それでも諦めることなくやってこられたのは，家族からの多大なサポートとあたたかい励ましのおかげである．それだけでなく，大量の飼育実験をしているときは帰省や旅行はおろか，冠婚葬祭行事の参加ですら非常識なスケジュールにせざるをえなかったのだが，大変ありがたいことに家族はこのような私の研究生活を理解してくれた．両親，姉，そして妻には本当に感謝している．その中で，私がポスドク職の最中だった4年半前に他界した父に本書を捧げたい．私の研究スタイルについて同業者から“執念深い”や“しつこい”といった言葉で評していただいたことが過去に何度かあったが（いずれもよい意味で受け取っている），これは私の研究スタイルだけでなく性格自体をよく表している言葉だと思う．そしてそれは父の影響を受けた結果だと思っている．その昔，「そろばん教室」というラジオ放送の教育番組があり，小学生低学年だった私は興味本位で始めたのだが，自分の技術が思うように上がらないのが嫌になってすぐに投げ出してしまった．もう30年以上前の話ではあるが，そのとき父が珍しく手を上げて叱ってきたのをかなりはっきりと覚えている．父は普段から“コツコツと”や“根気強く”といった言葉を口癖のように使って地道な努力の重要性を強調する人だったので，あっさりと投げ出してしまう息子の姿に腹が立ったのだろう．思春期以降はずっと父に反抗するように生きてきたが，地道な努力の重要性だけは幼少期に父に叩き込まれたものが今もまだ私の中に残っているようである．生物に関する知識は乏しく，奇抜なアイディアも出せない私が，研究の世界で何とかここまでやってこられたのは，“コツコツと根気強く”の精神を貫けたからだと思っている．ちなみにではあるが，本書の執筆中に生まれた私の愛娘に対して私が父と同じような厳しい教育ができるかというと，それは今のところ自信がない．

最後に，パーマネント職に就いた後のことも少しだけ書いておくと，大学の教員となった現在は学生実習の指導などがあってポスドクの時のような研究生活を送ることはできなくなってしまった．実習などのない時期を使って毎年 2，3ヶ月ほどは飼育実験ができているが，当然，ワクワクやドキドキを感じる頻度は減ってしまっている．ポスドク時代に諸先輩方を見てうすうす気がついてはいたが，パーマネント職に就き，さらにその後ステイタスが上がるにつれて自分の手を使って研究を進める時間はどんどんと減ってしまうことは間違いないようだ．個人的には何とも残念で悲しいシステムだと思うが，これは受け入れるしかないだろう．卒業論文研究や修士論文研究を指導している学生と研究の話をしているときに，学生が時折見せる目の輝きにも喜びを見出せるようになってきた今日この頃である．

異種の助け合いとは何か―ナチュラリストの先端生物学―

辻　和希

生物の世界は共生関係であふれている．イソギンチャクとクマノミのようなおなじみのものから，顕微鏡で見て初めてわかるものまで多種多彩である．リン・マーギュリス（Lynn Margulis）は，ミトコンドリアのような細胞内小器官は真核生物の細胞に共生したバクテリアが起源だとする内部共生説を 1967 年に提唱し，私たちの生命観を一変させた[1]．かくして生物が別の生物の体内に棲み込む内部共生の研究は，現代生物学の一潮流を形成するに至っている．著者の細川さんは，そんな内部共生研究の世界的ホープである．そして本書は，これまでの研究成果を細川さん自身が一般向けに熱く語ったアンソロジーである．とてもわかりやすく書けているのでそもそも解説は不要と思う．そこで私は，少し斜めの学術史的な観点から本書を読み解く鍵を示したい．

私はナチュラリストとは自然を丸ごと知りたいと感じる資質だと思う．そんなナチュラリストには共生の研究が昔から人気がある．細川さんも間違いなくナチュラリストである．それはくさいカメムシのけったいな共生菌受け渡し行動を「おもろいやないか」と感じて研究にのめり込むセンス，そしてカメムシ研究との出会いが学部時代に専攻した行動生態学を通してだったという事実から明らかだ．行動生態学という分野は，一昔前に始まったナチュラリストのスタ

---

[1] Sagan L (1967) On the origin of mitosing cells. *J Theor Biol*, **14**: 225–274.

ンダードな科学的方法論なのである．行動生態学の方法の軸は，自然選択理論による現象の予測と行動観察である．観察というプリミティブなデータ収集法に頼るのが特徴であり長所だが，この学問分野の最大の目玉はどんな野生生物でも研究対象にできる自由なところにあった．

しかし近年，生命科学に大変革が起きた．次世代シーケンスをはじめとする新技術が，ナチュラリストの興味に応えられるようになったのだ．これに呼応し，先端生命科学で非モデル生物が注目され始めた．いずれにせよマウスのような家畜化された実験生物ではない，それまでは分類学者しか扱わなかったような野生生物がすべて最先端生物学のホットな研究材料となった．非モデル生物を対象とすることでより重要になるのは，生物の世界に通底する一般則の探究よりは，むしろ多様性と新規性の発見である．「この森でクワガタが集まる場所は僕しか知らないんだ」という気持ちに近いナチュラリストのプライドをくすぐる研究ができるのは，非モデル生物研究の醍醐味である．細川さんの研究はこの流れによく乗っている．

細川さんが注目したのはカメムシであった．これもグッドチョイスである．カメムシのような吸汁性昆虫の餌は栄養的に偏っている．それゆえにカメムシは，微生物との栄養共生を繰り返し進化させることで新たなニッチを構築した．これが「カメムシの内部共生をなぜ研究するのか？」に対して本書が主張する進化生態学的な答えである．しかし私は，カメムシの人間社会でのニッチにも注目したい．カメムシは世間ではくさいと嫌われ，中には南米でシャーガス病という風土病を媒介するものや南京虫（トコジラミの俗称）のように人の血を吸うものがいたり，作物の害虫にもなったりとどちらかといえば日陰者である．しかし人気者になる要素もある．実はカメムシは，警告色をもつ美麗種がいることで一部の蒐集家に好まれるマニアックな昆虫でもある．ハナカメムシやカスミカメムシの仲間のように害虫を捕食する益虫として減農薬栽培で大活躍しているものもいる．くさいのも悪いことばかりではない．カメムシの匂い成分はd-リナロールなど香草コリアンダーのそれと共通のものを含み，タイ国のようにカメムシを食してこの香味を楽しむ文化もある．私もこの香りが大好きだ．こういったメリットと近年科学者が明らかにしたカメムシの意外な横顔が相乗効果的に大衆の好奇心を大いにくすぐり，強面の悪役が戒心し弁慶のようなヒーローとなったかのごとく，今日ついに空前のカメムシブームが到来したのである……．これは私の妄想だが，カメムシが世間一般でもっと注目され，たとえば初頭中等教育の理科教材になればと思う気持ちは，細川さんも私もたぶん同じだろう．カメムシは面白い．

内部共生研究にはスタンダードな方法論がある．まず（1）共生関係にあると想定されるものたちの機能上の依存関係の記載．すなわち互いの生命活動にどんな影響を与えているのかを明らかにすることである．次に（2）内部共生者が次世代にいつどのように受け渡され，宿主の個体発生が完結するのかの記載．そして（3）系統分析，すなわち共生がいつの時代に起源をもち，いかに進化してきたのか，その歴史をDNA分析により推測すること．細川さんの研究もこのスタンダードを踏襲している．細川さんが選んだカメムシの研究材料としての有利さは，（1）と（2）において，共生関係を断ったり，再び共生させたり，パートナーをすり替えたりなどの実験操作が他の生物の内部共生系に比べ格段にやりやすかったことだ．細川さんは内部共生研究における実験操作に先鞭をつけた．実験操作には生命科学の先端手法の導入も必要だが，著者も述べているようにポスドク（博士取得者向けの任期制の研究職）時代を過ごした産業技術総合研究所の生物プロセス研究部門生物共生進化機構研究グループ（深津研）の研究環境のよさは極めつけだったようだ．細川さんはパーマネント職探しには大変苦労したが，長いポスドク生活の間に著名科学誌に膨大な数の論文を発表し続け，関連学会の若手賞も総なめにした．そして深津研は細川さん以外にも若手トップ研究者を多数輩出している．これは適度な期間であれば，良質な環境でポスドク経験を積むことが研究者育成上望ましいことの証左であろう．

さて，以下は今後内部共生研究に期待したいことである．ニコ・ティンバーゲンは生物学の方法論を 4 つの質問にまとめた．それは，至近要因，個体発生，系統進化，究極要因である．先に述べた共生研究のスタンダードにおいては最初の 3 つが含まれているが，最後の究極要因すなわち適応に至る自然選択メカニズムに関する突っ込んだ質問を欠いていることが多い．これにはいくつかの原因が考えられる．

一部の生物学者の共生への注目には思想的背景がある．批判を恐れずいえば，それは自然選択説を中心に据え生物学を総合しようとするネオ・ダーウィニズムへの反感である．内部共生説の提唱者リン・マーギュリスが反ネオ・ダーウィニストだったのは有名である．そのような見解をもつ共生研究者は，異なる進化史をもつ生物が出会い共生することでもたらされる創造的な面を強調するが，その過程において必然的にはたらく自然選択はとるに足らないものと感じているようだ．しかし相利共生の進化的ダイナミクス，すなわちそのような現象が歴史上構築されてきた背景にどんな力がはたらいたのかは，集団生物学上の重要な一般問題である．

集団生物学は，個体数の動態を扱う個体群生態学と遺伝子頻度の動態を扱う集団遺伝学に大別できる．個体群生態学において，共生が競争や捕食に比べあまり研究されていないことも，共生における究極要因研究が少ないことの原因の一つかもしれない．それはこの世界に相利共生が存在することの力学的な理屈が，個体群生態学的には自明に思えたからだろう．2 種の生物がいかに個体数を増やすのかに関する古典理論に，ロトカとボルテラによる一連の数理モデルがある．これらモデルの結論は，競争関係にある 2 種や食う-食われる関係にある 2 種の共存は，思いのほか難しいというものだった．一方が他方を滅したり，外乱が入ると個体数が発散し系が長続きしないことが，少なくとも計算上は多いのだ．であるからこそ，実際の群集では同じ資源を消費する複数種が共存したり，捕食・被食関係が成り立っているのはなぜかという建設的な批判が湧くというものだ．それに比べると共生はどうか．実はロトカ・ボルテラ方程式には相利共生モデルというのもある．しかしこのモデルが予測するのは，絶滅ではなく両種の個体数が無限に増え続けてしまう事態である．環境収容力という現実的制約を導入すれば，2 種は容易に共存しうる．このように相利関係にある生物の共存それ自体は，個体群生態学的考えでは自明なのだ．むしろ，互いに Win-Win の関係になるようになぜ生物が皆進化しないのかが疑問となる．

というわけで個体性質の進化機構が焦点になるわけだが，それを考察するには集団生物学のもう一つの分野である集団遺伝学の考えが必要だ．実は集団遺伝学をベースにした進化生物学（ネオ・ダーウィニズム）では，同種個体間であれ異種間であれ，助け合い，すなわちコストをかけて互いの適応度を向上させるような性質の進化それ自体が古典的かつ基本的な大問題なのである[2)]．なぜか．それは相利的な関係においては裏切り者が進化しうるからだ．裏切り者とは，相手の協力にもかかわらず相手への報酬というコストをかけ

---

2) 大槻 久（2014）『協力と罰の生物学』岩波書店．

ずに利益だけを搾取する個体である．裏切り者は突然変異により同種の中からも出現しうるが，別種の生物が相利共生関係に割り込む例がわかりやすい．たとえば，ハキリアリとキノコの相利関係に割り込み，菌園で増えてアリの餌にはならない寄生菌や，掃除魚ホンソメワケベラと宿主魚の間に割り込み宿主の肉を食べてしまうニセクロスジギンポを思い浮かべていただきたい．進化生物学者の相利共生への関心は，生き残りに関する競争である自然選択がはたらく中で，助け合いはいかに生じるのか，裏切り行為に対抗し助け合いはいかに維持されるのか，そして助け合いは生物多様性を豊かにするのか否か．こんな質問だろう．

内部共生研究において裏切り行為とそれへの対抗進化があまり注目されなかったもう一つの理由は，垂直伝搬と共種分化が進んだ系が当初注目されてきたからかもしれない．オルガネラのように宿主細胞に完全に依存し，独立生物であった時代のゲノムの一部を失うなどした元共生微生物たちは，もはや宿主のパーツとして宿主とは運命共同体的であり，それがもし可能であったとしても，裏切りは宿主の生存失敗を通し自身の破滅につながる．だから，共同体レベルの群選択を通して助け合いが進化的タイムスケールで維持されるのは，自明に思えるのではないか．このことは同種内の突然変異による裏切り行為の典型例である癌細胞を考えれば一層明らかに映るだろう．突然変異細胞である癌細胞は，多細胞生物の細胞間の助け合いに割り込み，短期的に大増殖するが，最後には助け合いの総体であるところの個体もろとも破滅する．それゆえ多細胞生物の次世代個体群に生じる癌は前の世代の癌細胞の子孫ではなく，多細胞生物の各世代で独立に生じた突然変異細胞由来である．つまり裏切り者は毎世代淘汰されてしまうので，蔓延を阻止する仕組みを深く考察することなど無駄と映るかもしれない．裏切り行為の世代を超えた継承には，水平伝搬するルートが必要なのだ．

ところが細川さんのカメムシ研究が明らかにしたところによれば，共生微生物の水平伝搬や置き換わりはカメムシの分類群によっては稀ではないという．これはつまり，少なくとも潜在的には裏切りがカメムシの内部共生システムへの脅威であることを示す．特に注目したいのは，チャバネアオカメムシの事例である．細川さんの大発見は，カメムシは毎世代さまざまな共生菌を環境から取り込む機会があること，そして実験的に示された複数いた共生菌の宿主栄養上の機能は同等，すなわち宿主の適応度をどの菌種も同じくらい向上させているということだった．このようなオープンなシステムでなぜニセクロスジギンポのような裏切り行為をする寄生菌が出現しないのか，進化生物学的に大変興味深い．この研究成果を最初に聞いたとき，「細川さんのこれまでの研究で一番面白い」と本人に正直に申し上げた．やはり世界の研究者からもそのような評価を受けたようで，チャバネアオカメムシの細川さんのこの研究は *Nature Microbiology* 創刊号に掲載されたのである．

環境から共生相手を取り込んだり，水平伝搬が頻繁に起こるオープンな内部共生関係においては，宿主による共生相手のフィルタリングが存在しているに違いない．フィルタリング，すなわち協力的な相手だけと手を組むことで裏切りから共生関係を守る方法は，理論的には二つあるといわれている．一つはパートナー識別，もう一つは相手の裏切りに対する制裁行動である．どちらも一般化すれば免疫という現象と関係する．免疫とは，外部からの侵入者と内部出身の裏切り者である癌を監視するシステムである．適切な共生相手に関する情報が，双方のゲノムの中にあらかじめ存在している可能性もあるだろう．また，適切な相手を後天的に「学習」する可能性もある．内部共生ではないが，私自身の研究グループも，アリが共生相手のアブラムシを「学習」を通して認識するようになることを明らかにしている[3]．やはり環境からの共生微生物の取り込みが起こる植物と根粒菌の内部共生に関する最近の研究では，菌の裏切り行為に対する植物側の制裁行動も知られている[4]．窒素を供給しなくなった突然変異株根粒菌を取り込んでしまった植物は，共生菌への炭水化物などの栄養供給を遮断するらしいのだ．また，二つ前のパラグラフで，内部の突然変異で生じる癌細胞には水平伝播する道がないゆえに，進化上はとるに足らない存在に映るかもしれないと述べた．しかしこれも早計である．裏切り者細胞の水平伝搬を科学者の妄想と思うことなかれ．実は，タスマニアデビルや二枚貝類などでは水平伝播する「移る癌細胞」が発見されているのである[5,6]．

このようにほとんど何でもありの様相を示すことがわかってきた内部共生の世界だが，パートナー認識がどんなシグナルと受容システムで成り立つのかは焦点であり，同時に現代オミクス技術を最大限に活用できるテーマである．そしてカメムシの内部共生研究は，その先頭に立つポテンシャルがあるのだ．細川さんの研究の発展に大いに期待したい．やはりカメムシは面白い．

---

3) Hayashi M, Hojo MK, Nomura M, Tsuji K (2017) Social transmission of information about a mutualist via trophallaxis in ant colonies. *Proc R Soc Lond B Biol Sci*, **284**: issue 1861.

4) Westhoek A, Field E, Rehling F, Mulley G, Webb I, *et al*. (2017) Policing the legume-Rhizobium symbiosis: a critical test of partner choice. *Scientific Reports*, **7**, Article number: 1419.

5) Anne-Maree P, Swift K (2006) Allograft theory: transmission of devil facial-tumour disease. *Nature*, **439**: 549.

6) Metzger MJ, Villalba A, Carballal MJ, Iglesias D, Sherry J, *et al*. (2016) Widespread transmission of independent cancer lineages within multiple bivalve species. *Nature*, **534**: 705–709.

索　引

【生物名】

【欧字】

【あ】

【か】

memo

memo

memo

著　者

細川貴弘（ほそかわ たかひろ）

2003 年　九州大学大学院理学府生物学専攻博士後期課程修了

現　在　九州大学大学院理学研究院生物科学部門 助教，博士（理学）

専　門　進化生物学，行動生態学，昆虫学

コーディネーター

辻　和希（つじ かずき）

1989 年　名古屋大学大学院農学研究科博士後期課程修了

現　在　琉球大学農学部亜熱帯農林環境科学科 教授，農学博士

専　門　動物生態学，進化生態学

共立スマートセレクション 21
Kyoritsu Smart Selection 21
カメムシの母が子に伝える共生細菌
—必須相利共生の多様性と進化—
Vertically-transmitted Symbiotic Bacteria in Stinkbugs —Diversity and Evolution of Obligate Mutualism—

2017 年 11 月 15 日　初版 1 刷発行

検印廃止
NDC 486.5, 491.7, 486

ISBN 978-4-320-00921-9

著　者　細川貴弘　© 2017

コーディネーター　辻　和希

発行者　南條光章

発行所　**共立出版株式会社**
郵便番号　112-0006
東京都文京区小日向 4-6-19
電話　03-3947-2511（代表）
振替口座　00110-2-57035
http://www.kyoritsu-pub.co.jp/

印　刷　大日本法令印刷
製　本　加藤製本

一般社団法人
自然科学書協会
会員

Printed in Japan